气候变化
与农业可持续发展

李颖明 宋建新 汪明月 著

中国财经出版传媒集团

经济科学出版社
Economic Science Press

·北 京·

图书在版编目（CIP）数据

气候变化与农业可持续发展/李颖明，宋建新，汪
明月著 . -- 北京：经济科学出版社，2024.6.
ISBN 978 - 7 - 5218 - 5947 - 8

Ⅰ.①气…　Ⅱ.①李…②宋…③汪　Ⅲ.①气候变
化 - 关系 - 农业可持续发展 - 研究 - 中国　Ⅳ.①P467
②F323

中国国家版本馆 CIP 数据核字（2024）第 111080 号

责任编辑：刘战兵
责任校对：杨　海　齐　杰
责任印制：范　艳

气候变化与农业可持续发展

QIHOU BIANHUA YU NONGYE KECHIXU FAZHAN

李颖明　宋建新　汪明月　著

经济科学出版社出版、发行　新华书店经销

社址：北京市海淀区阜成路甲 28 号　邮编：100142

总编部电话：010 - 88191217　发行部电话：010 - 88191522

网址：www. esp. com. cn

电子邮箱：esp@ esp. com. cn

天猫网店：经济科学出版社旗舰店

网址：http://jjkxcbs. tmall. com

北京季蜂印刷有限公司印装

710 × 1000　16 开　11.75 印张　170000 字

2024 年 6 月第 1 版　2024 年 6 月第 1 次印刷

ISBN 978 - 7 - 5218 - 5947 - 8　定价：48.00 元

（图书出现印装问题，本社负责调换。电话：010 - 88191545）

（版权所有　侵权必究　打击盗版　举报热线：010 - 88191661

QQ：2242791300　营销中心电话：010 - 88191537

电子邮箱：dbts@ esp. com. cn）

前　言

　　气候变化已成为全球公认的事实。农业生产是一个自然再生产和经济再生产相互交织的过程，是依赖于自然生态系统的脆弱部门。农业应对气候变化事关人类生存与发展，是气候变化领域和农业生产领域的重要研究课题。气候变化的成因非常复杂，大量的研究表明，自工业文明以来，人类活动对气候变化的影响愈加明显。减少人类经济社会活动带来的温室气体排放，成为农业绿色低碳可持续发展的重要方向。农业可持续发展除了减排固碳，更要增强对气候变化的适应能力和农业生产的"韧性"，坚持减缓和适应并重是农业应对气候变化的基本路径。本书从减缓和适应两个角度出发，全面分析了"双碳"背景下我国农业绿色发展道路。

　　本书聚焦粮食主产区，从三个方面研究农业应对气候变化的相关问题。第一，基于全国 13 个粮食主产区的粮食生产数据和气候变化数据，研究气候变化对农业生产的影响。粮食主产区在全国粮食生产中占据重要地位，研究气候变化对粮食主产区粮食产量的影响对于稳定农业生产、保障粮食安全具有重要意义。第二，以 13 个省级粮食主产区中的安徽、江西、河南、湖北、湖南 5 个中部地区省份为研究对象，开展农业气候应对的减缓研究。研究中部粮食主产区的耕地利用碳排放，对于保障粮食安全条件下合理实现耕地利用碳减排具有重要意义。第三，聚焦粮食主产区的河南省，开展问卷调研分析，分析农业生产相关主体对气候变化的认知和适应行为，研究适应气候变化行为的效果与影响因素及适应气候变化的有效模式。

在章节设计上，本书分为六章：

第1章是对农业气候变化和应对总体特征的分析。从全球气候变化的特征和气候变化对农业发展的影响出发，分析农业气候变化的特点，进而从减缓和适应两个方面分析农业气候变化应对的总体进展，分析农业耕地利用碳排放的主要因素、农业气候变化适应的措施以及农业应对气候变化的公共政策问题等。

第2章介绍了农业气候变化对农业的影响以及应对的研究进展，包括气候变化对农业影响以及研究方法、减缓气候变化的农业耕地利用的碳排放，以及农业气候变化适应的主体以及行为特征等。

第3章是关于气候变化对粮食主产区农业生产影响的分析。以粮食主产区为研究对象，将影响农业生产的气候变化因子和生产投入要素作为分析变量纳入模型中，研究气候变化因子和生产投入要素对粮食生产的影响，并分析气候要素对农业生产的影响以及气候要素与投入要素之间的相关关系。

第4章是关于农业耕地碳排放特征及影响因素的研究。将耕地利用碳排放的全过程分为农业生产资料投入、农作物生长、农作物收获三个环节，核算中部地区粮食主产区各生产环节耕地利用碳排放量，总结其结构特征，运用 LMDI 模型对单位耕地面积碳排放的影响因素进行分解，研究耕地利用碳排放的影响因素。

第5章研究了农业生产主体对气候变化的认知及适应行为。

调研粮食主产区农业生产主体对气候变化的认知及适应行为对粮食产量的影响，探讨对气候变化的认知、适应行为及农业生产即粮食产量之间的关系，形成农业领域适应气候变化的有效模式。

第 6 章对本书所做研究的结果进行提炼总结，并提出政策性建议。

本书是课题组多年在农业气候变化领域研究的成果集成，研究的时间跨度较大，特别感谢为本书做出重要贡献的刘释疑、全水萍、王子彤、曹湘杰等。课题组将在此基础上继续开展深入研究，探索我国现代农业绿色可持续发展的道路。

目　　录

第1章

气候变化与农业气候变化应对

气候变化通常被认为是气候平均状态统计学意义上的巨大改变或者持续较长时间（通常以10年及更长时间为研究尺度）的气候变动趋势。在现代气象科学产生以前，人类就有关于气候变化的记载，由于缺少测量设备和测量方法，这一时期对于气候变化的记载以太阳活动、干湿变化（旱、涝）为主。随着科学的发展和技术的进步，对气候变化的现象观测也更加详细和科学，各国建立的气象观测体系已经拥有了对包括气温高低、湿度大小、风力强弱、降雨量以及日照时间长短等各项指标进行详细监测和长期跟踪记录的能力，积累了大量数据和资料，对气候变化的研究也更加深入。

1.1 农业气候变化的相关概念

气候是指一定区域多年的天气平均状况，是各种天气过程的综合表现，不同区域的气候具有不同的特征。农业生产是受气候变化影响较大的系统，复杂的气候变化对农业及农村的可持续发展带来挑战。中国是一个人口大国和农业大国，适应气候变化是中国气候变化应对的重要领域，也是稳定农业生产、保障粮食安全的重要举措。

1.1.1　气候变化与农业生产

气候变化是指气候系统中各种气象要素（如气温、降水、风力等）的统计特征（如均值、极值、概率等）在较长时间尺度上发生的显著改变或持续变动的趋势。气候变化的本质是气象要素统计特征的变化。人类对气候变化的认知和记录经历了一个由简单到复杂、由定性到定量的过程。在现代气象科学诞生之前，由于缺乏先进的测量设备和方法，人们对气候变化的记载主要集中在太阳活动以及干湿变化（如旱、涝）等容易观察到的现象上。随着科技进步和气候认知的深入，人们对气候变化的观测日益精细和科学化。如今，各国建立的现代气象观测体系已经能够详细监测和长期跟踪记录气温、湿度、风力、降雨量、日照时间等多种气象要素，积累了海量的数据和资料，极大地推进了气候变化研究的深度和广度。这种由表及里、由浅入深的认知发展历程，反映了人类对气候变化这一复杂现象理解的不断深化。日益完善的观测体系和日益丰富的数据积累，为深入揭示气候变化的内在机理、准确预测未来气候变化趋势提供了坚实的科学基础。

IPCC（政府间气候变化专门委员会）第五次评估报告指出，1880～2012年全球地表平均温度约上升了0.85℃，而2003～2012年全球地表平均温度较1850～1900年全球地表平均温度上升了0.78℃。《中国气候变化监测公报》的数据表明，1913～2012年中国地表平均气温上升了0.91℃，气候变化导致中国部分地区的气温、降水、日照等主要气候因素发生改变。农业以自然条件为基础进行生产的特点决定了气候条件对农业的重要性，气候的变化带来的光、热、水的组合发生改变会影响农作物的生长和农业生产，农业是受气候变化影响的脆弱生产系统。即使微小的气候变化都会给农业生产及其相关过程带来潜在的或显著的影响，引起农业生产的波动，极端气候变化带来的自然灾害甚至会危及粮食安全、社会稳定和社会经济的可持续发展。提高应对气候变化的能力是稳定农业生产、保障粮食安全的重要前提。

农业是对自然资源和气候条件依赖性很强的生产部门，气候变化会使长期形成的农业生产格局和种植模式受到冲击。气候变化对农业生产的影响表现在以下几个方面：一是气候变化会影响粮食生产的稳定。气候变化和极端气象灾害会造成农业生产特别是粮食生产的不稳定性增加，会导致农业生产收益出现波动。气候变化导致农业生产的不稳定性，与地理的区域差异和作物种类分布相关。二是气候变化会引起农业成本和投入增加，生产的风险提高。一方面，剧烈的气候变化会造成农业生产的巨大损失；另一方面，气候变化会导致维持农业生产的水肥条件发生变化，从而引起农业生产投入的增加。此外，气候变暖还会加剧作物病虫害和土壤肥力的损失，增加农药和化肥的施用，导致农业的防灾减灾成本不断上升。三是气候变化还会导致农业的生产布局和结构发生调整，造成农业耕作制度的改变。气温上升会导致土地积温变化，进而引起农业种植区域的位移。气候变暖也会引起作物种植制度和种植面积发生变化。为保持农业生产的稳定性，必须采取相应的措施应对气候变化带来的影响，当前应对气候变化的影响主要包含三个方面：减缓或消除对气候变化的人为影响；对气候变化做出适应性的调整；提高应对气候变化的能力。

1.1.2　农业气候变化减缓与碳排放

全球气候变暖日益受到世界各国政府的高度关注。中国作为世界上最大的发展中国家，于 2020 年向全世界庄严宣告了中国的碳达峰、碳中和（简称"双碳"）目标，将完成全球最高碳排放强度降幅，表现出大国应对气候变化的责任与担当（潘家华，2021）。然而，实现"双碳"目标是一项涉及经济社会领域的系统性变革，不可能一蹴而就（潘家华，2020），需要工业、能源、交通、农业等多领域共同发力。从当前的碳排放结构来看，我国农业活动的温室气体排放总量约为 8.3 亿吨二氧化碳当量[①]，仅次于能源活动和工业生产过程。农业作为重要的碳源与碳汇，将成为未来碳减排的重中之重，也是未来全球绿色低碳供应链及国际谈判的重要领

[①]　数据参考《中华人民共和国气候变化第二次两年更新报告》。

域。实现农业领域的科学碳减排要深入了解我国农业碳源排放的现实情况，并关注农业碳排放的结构演变及影响因素，为形成有效的农业绿色低碳发展措施和低碳转型政策提供支撑。

联合国粮农组织等机构联合发布的《2021年世界粮食安全和营养状况》指出，2020年全球有7.2亿~8.11亿人口面临饥饿，约占全球人口的1/10。2022年4月，联合国世界粮食计划署宣布，人类或将面临"二战后最大的粮食危机"。随着粮食安全问题逐渐突出，农业生产也受到重视。早在2006年，十届全国人大四次会议上通过的《中华人民共和国国民经济和社会发展第十一个五年规划纲要》便提出"18亿亩耕地"这一约束性指标，旨在保障粮食安全。耕地与农业生产息息相关，在其利用管理过程中往往伴随着大量温室气体的产生。如何在农业领域进行"碳达峰""碳中和"的同时保障粮食安全，严守耕地红线，已经成为当下的重要议题，需要对耕地利用产生的碳排放进行核算并研究其产生机理与影响因素，从而采取多种手段实现耕地利用碳减排。

1.1.3　农业气候变化适应行为

当前气候变化具有百年尺度内的非周期性，应对气候变化成为发展的重要任务之一。应对气候变化是指根据气候变化的成因通过采取一定措施，减缓气候变化的趋势或影响，抑或调整生产行为适应气候变化以减弱气候变化造成的经济影响。农业是对气候变化反应最为敏感和脆弱的领域，应对气候变化是农业的重要任务，通过调整农业生产或生产投入方式，对气候变化的影响做出反应。农业应对气候变化主要是通过调整生产方式，应对或改善要素投入适应气候变化的影响。

农业的基础地位和多功能性决定了其必须采取措施适应气候变化[①]。农业应对气候变化的适应行为主要有以下几个方面：一是调整农业结构和

---

① 潘家华，郑艳. 适应气候变化的分析框架及政策涵义 [J]. 中国人口·资源与环境，2010（10）：1-5.

布局。以科学规划位移区位的种植结构的方式应对气候变化导致的农业种植区域的位移问题；通过改革种植制度来应对气候变化导致的作物生长期变化的问题，依照具体情况采用更换适宜生长期的品种或调整原有的熟制。二是提高农作物适应能力。以增加要素投入、改进要素组合的方式应对气候变化对作物生长条件的不利影响，包括选育抗虫害、耐候优良的品种，增加农药、化肥、灌溉等的投入，测土施肥等。三是改善农业生产条件。加大农田水利等基础设施建设，提高农业的现代化生产水平。四是做好气候变化预报。完善气候应对手段，加强农业灾害性天气的前期预警和后期补救（救灾或保险等）体系建设。五是放弃边际土地的农业生产。对于一些气候变化特殊的区域，如土壤沙化区，气候变化导致这些区域的土地边际产出低于边际投入，而且这种因气候变化产生的影响不可逆，对于这种情况应果断放弃农业生产。

对气候变化的不同适应行为对农业生产的影响也不同。调整农业结构和布局、改革种植制度可以有效应对气候变化导致的农业生产条件变化和适宜耕作区位移，但是农业结构与布局的调整意味着既有的耕作方式、耕作习惯的改变，也往往意味着一些耕作技术设备和基础设施需要更新，这意味着巨大的转换成本，而这种成本可能是一种单向的风险投入。以增加要素投入的方式应对气候变化可以在一定时期内提高农业生产能力，促进农业稳产增产，但是持续的要素投入一方面会产生高昂的成本，不具有投入产出的线性关系，此外大量使用化肥和农药会造成严重的农业污染问题，如水资源污染、耕地地力减退、农产品质量下降等问题，超越自然资源本底生产承载力的过度投入不具有可持续性。对农业灾害性天气的前期预警和后期补救尽管具有一定的成效，但在自然灾害面前可采取的措施是有限的。近年来，我国粮食产量保持了连年增长，国家提出了"藏粮于地"的农业发展新模式，区域生态环境的改善成为农业应对气候变化的重要技术路径。

1.1.4 农业气候变化适应主体

适应气候变化是指人类为应对自然或人类系统的实际的或预期的气候刺激及其影响而做出的调整，以求趋利避害。气候变化是渐进的过程，适应的目标是通过调整，不断增强对气候变化的适应能力，以降低由此可能导致的风险和损失，因此适应气候变化也是一个可持续的调整过程。

气候变化会改变农业生产的自然资源条件，为减少生产的波动性，必须改变人为投入要素以适应这种变化。农业生产的过程是人类劳动对自然资源开发利用的过程，农业适应气候变化的行为是农业生产的多主体共同参与的结果。农业生产的多主体既包括从事农业生产个人、家庭、农业经济组织等生产主体，也包括涉及农业生产的各级政府和公共机构即农业管理部门。适应气候变化需要生产主体和政府管理者共同采取措施。农业生产主体维持正常生产和应对气候变化的决策过程受自身特征、所拥有的资源禀赋和技术获取能力、政府及相关组织的共同影响。当前的研究多注重强调政府政策自上而下的有效性或农户等微观主体的自我调节，对两者之间的联接与协同研究较少。实际上，农业适应气候变化行为的选择过程是主体之间、主客体之间的互动协同的过程。农业应对气候变化的行为选择受到行为措施的有效性和成本—收益的影响。农业气候变化适应行为选择是以相关主体拥有生产要素为约束条件，以自身利益最大化为根本出发点的行为取舍。当一种应对手段的调节能力达到其极限时，便会被其他类型的手段所替代。在极端气候条件下，如严重的干旱、水涝灾害以及严重沙化地区，恢复农业生产的技术手段达不到恢复稳定生产的需要或者所获收益不能涵盖投入成本的时候，人们就可能选择放弃，转而迁徙到宜居地带或转而从事其他产业，这也是一种被动的适应过程。农业适应气候变化行为是农业生产主体和农业管理部门的决策，有效应对气候变化需要加强政府自上而下的政策指导和农户对气候变化的认知与适应能力，形成政府—农户气候变化行为选择的互动关系。

1.2　全球气候变化特征

通过对气候变化的历史资料、统计数据的分析和研究，人们已经掌握了超过百年的气候变化的事实依据。虽然从更长的历史进程看，人类经历了无数个冷热交替的气候周期，冷暖的交替趋势也与基期选择和时间尺度有关，但人类生产活动从未有像今天这样能够对自然环境和气候施加影响，与自然因素对气候变化的缓慢影响相比，人类活动对气候变化影响的非自然周期性才是真正所要担心的，这也是我们研究气候变化及其适应的出发点。

1.2.1　全球气候变化

从全球角度看，气候变化主要体现在三个方面。一是全球变暖趋势进一步增强。过去 100 多年间的气候观测表明，两次明显的冷暖波动，表现为冷期—暖期—冷期—暖期的交替。尽管存在这种周期性波动，但从整个百年尺度上来看，全球平均气温呈现明显的上升趋势。联合国政府间气候变化专门委员会（IPCC）第五次评估报告指出，1880~2012 年全球地表平均温度约上升了 0.85℃，而 2003~2012 年全球地表平均温度较 1850~1900 年全球地表平均温度上升了 0.78℃。IPCC 预计，到 2100 年，全球平均气温将上升 3.5℃~5℃。除国际组织和机构之外，有科学家也对气候变化做出了独立的研究，如安德鲁·德斯勒等通过测量和研究指出，20 世纪以来，地面温度、冰川数据、海平面变化、海洋温度、卫星测量温度记录等不同指标都在向变暖的方向发展。对亚洲地区的研究表明，1901~2015 年整个亚洲区域内的地表平均气温上升了 1.45℃。二是气候变化导致降水及其分布发生变化。在全球平均温度上升的条件下，自然界的水汽循环更为活跃，并且平均气温的增加使整个大气容纳水的能力增强，导致降水和大气水分的变化。有科学家发现，降水具有百年尺度的增加趋势。进一步的研究表明，全球的降水有在副热带地区减少，而在中高纬度和热带地区增加的趋势。三是气候变化导致极端天气的发生更加频繁。温室气体的过量排放导致气温、降水以及有效日照等气候因素均发生幅度不均的改变，极端干旱及洪涝灾害的暴发更加频繁。有资料表明，20世纪90年代，全球极端气候灾害发生的次数比50年代高出5倍以上。

气候变化问题涉及多个学科领域，气候变化具有的自然属性诸如影响范围、时间跨度、危害程度等存在较多的不确定性和风险，许多学者将气候变化视作风险管理问题。而气候变化的发生和治理同样面临成本与收益难以衡量、主体责任与利益不一致等难题，使其成为复杂的博弈过程。此外，经济学中的外部性效应和公共物品的概念为研究和解决气候变化问题提供了思路。首先，全球气温上升通常是部分国家对温室气体的过度排放造成的，但受其影响的却不仅仅是这些国家，这是经济学理论中外部性效应的体现和延展；其次，为解决气候变化问题所做的任何努力都不能避免其他国家的"搭便车"行为，这是典型的经济学中公共物品的特征。从不同的角度出发，气候变化问题可以归属于不同的研究范畴。就气候变化的外部性属性而言，气候变化应归属于环境经济学的研究范畴；而如果从公共物品的角度来看，气候变化应属于公共经济学的研究范畴；如果从权益和福利的角度来看，气候变化问题又可以归属于福利经济学的范畴。但是由于全球非单一市场的存在，气候变化的跨国外部性特征使一个国家的行为会令其他国家获利或受损，无法通过市场弥补，所谓"谁污染，谁治理"的损害者对受害者的补偿原则实施起来非常困难，造成了涉及范围广、影响程度大的市场失灵，给传统经济学的研究范式和研究边界带来了强有力的挑战。

1.2.2　中国的气候变化

许多学者也对中国的气候变化进行了研究。气象学者林学椿研究了1950~1990年40年间的气候变化趋势，发现中国的平均气温以每10年0.04℃的速度上升，而降水量以每10年12.66毫米的速度减少。后续有研究表明，1913~2012 年这 100 年间中国地表平均气温上升了 0.91℃，而且温度一直呈上升趋势。

有学者对气温变化进行了预测，认为 2020~2030 年中国平均气温将上升 1.7℃，到 2050 年中国的平均气温将上升 2.2℃。各地升温的幅度存在差异，中国北方地区年平均气温升高最为显著，以东北和华北地区升温幅度最大，部分地区升温在未来 10 年内可达 0.4℃~0.8℃。宁晓菊等对中国气象科学数据共享服务网提供的多达 824 个气象站的逐日观测资料进行的分析表明，1951~2010 年中国全国年平均气温等温线、0℃ 积温等温线和最冷月份平均气温等温线向北迁移。除此之外，年平均气温、0℃ 积温和全国最冷月份平均气温在全国大部分区域都表现为显著增加的趋势。

降水呈现明显的区域化特征。研究表明，近 50 年来中国的华北、西北东部和东北南部年均降水呈现减少的趋势，而长江中下游和东南地区年降水量却在增加。整个南方地区出现了西北方向日益干旱、东南方向日益湿润的趋势，华南一带气候暖湿的趋势正在显著增强。西北地区内部气候变化也存在差异，西北地区的西部和东部分别呈暖湿化和暖干化趋势。近年来中国境内高温干旱和极端降水时间也趋于增多，强度趋于增强，华北、东北和西北地区旱灾发生的频率和程度均有显著增加的趋势，而在长江以南和江淮流域，暴雨洪涝灾害发生的频率显著增加。

除气温和降水之外，干旱、洪涝、风沙等一些极端的气候灾害也在频繁发生。2007 年西北太平洋（含南海）上共生成 25 个台风或热带风暴，较往年明显增多。台风和风暴给太平洋沿岸国家带来巨大的经济损失，仅在中国就使得当年有 4000 万人受灾，农作物受灾面积达 3000 多万亩，直接经济损失 300 亿元。此外，2009 年的中部地区冬春连旱，2011 年的华南低温与华北大旱等异于往年的极端天气都造成了重大损失。

较长时间尺度的观测和研究的成果表明，气候变化已经成为科学的认知与事实，气温上升、降水格局变化、极端气候灾害频发的趋势也将持续下去。在认识到气候变化的发生和事实后，许多学者对气候变化的理论进行了初步探究，主要集中于寻找气候变化的原因。对气候变化事实的规律性进行统计分析以及通过观测树木年轮、深海沉积物等自然遗存推测和计算古代气候状况等成为研究历史气候变化及其规律性的重要方法，也取得了一定的成果。各国学者在研究过程中还注意到了历史气候中的异常时期，如古代冰河期气候状况特点、20 世纪 70 年代英国的干旱、美国经历的严冬以及撒哈拉沙漠的干旱等。基于对这些气候变化的事实和规律性的分析，许多学者从气候的持续性季节变化、厄尔尼诺现象、两极地区及高原冰盖变化等现象对影响气候变化的原因进行了研究，发现太阳活动周期、大气中气溶胶浓度与气候变化之间存在一定的关系。相关研究采用能量平衡模式、GFDL（普林斯顿地球物理流体动力实验室）模式以及气候变化随机模式等对气候的变化进行解释和预测，均取得了一定的成果。当前应用较多的模式一种是通过改变气候影响因子，如 CO_2、海水温度等进行计算，另一种是通过建立基本条件和边际条件后进行计算。学界的共同认知是，对气候变化事实及原因的认知决定了气候变化研究模式的优劣。

1.2.3　气候变化与人类活动

气候变化与人类活动之间的关系是气候变化研究的重要内容。气候变化是一个渐进的物理演变过程，也是与人类活动关系极为密切的因素。在对影响气候变化的自然因素进行研究的同时，部分学者注意到人类活动对气候变化的影响。通过对历史资料的分析，学者们发现自进入工业文明以来，由于活动空间和活动范围不断扩展以及新技术的开发与应用，人类生产活动对自然环境和气候产生了重要的影响。有研究已经表明，人类活动大量排放温室气体是造成全球气候变化的主因。IPCC 发布的报告显示，由于大量使用化石燃料、砍伐森林以及不可持续的农业实践，1970～2004 年全球 CO_2 和其他温室气体浓度持续增加。这些气体在大气中的积累改变了温室气体的自然效果，导致全球变暖和气候变化。张安华根据美国世界资源研究所的研究和统计进行测算发现，1850～2005 年的 155 年间全球 CO_2 排放 11222 亿吨。联合国粮农组织发布的《2016 年粮食及农业状况》的报告中指出全球 20% 的温室气体排放来自农业。

　　人类活动产生的大量 CO_2 等温室气体以及环境污染等对地球大气产生重要影响，使地球接受的辐射、气温、大气环流以及降水发生变化，这些都成为人类对气候变化影响的直接表现。2007 年的 IPCC 第四次评估报告明确指出，人类活动引起了气候变暖，全球气温的上升、冰雪融化以及海平面的上升都是气候变化所呈现的事实。IPCC 第五次评估报告再次印证了全球气候系统变暖毋庸置疑的事实，并明确指出人类活动的影响是导致 20 世纪中叶以来气候变暖的主要因素这一结论。气候变化对人类生存所涉及的农业、能源、水利等方面也产生了影响，特别是在农业领域，辐射、气温以及降水等变化直接影响到整个生产过程，甚至威胁到人类的生存。IPCC 报告分析和预测了气候变化的趋势，证实了气候变化问题的严重性，并预测至 2099 年全球平均气温将上升到 1.8℃ ~4℃。全球的气候变暖对人类生存环境和自然生态产生重要影响，直接影响到粮食生产的安全与全球可持续发展，应对气候变化的联合行动刻不容缓。

　　气候变化是一个宏观尺度的环境问题，在对人类的经济活动产生影响后，气候变化问题就演变成一个经济学问题。当气候变化本身对人类产生反作用，特别是由于人类活动造成的气候变化呈现出非周期性的变动趋势并严重影响人类生存时，人们就开始关注气候变化，并对其经济影响进行研究。虽然自 20 世纪 70 年代起学界就开始关注气候变化问题，但对气候变化问题进行正式的经济学评估却始于 2006 年英国政府资助经济学家斯特恩所做的研究。斯特恩及其团队在进行了大量的分析和定量研究后，认为应及早采取温室气体减排措施，从而以较低的成本避免以后的高额经济损失。根据斯特恩的计算，如果不采取行动，气候变化每年会造成相当于全球 GDP 5% 的成本和风险损失，而如果考虑气候变化的极端影响，这一数字将超过 20%。斯特恩的研究激发了国际经济学界对气候变化问题的研究兴趣，推进了气候变化问题在概念、方法以及政策分析等方面的研究。在后续的研究中，斯特恩进一步对气候变化的理论和方法进行了较为系统规范的探讨，并明确提出了气候变化经济学的概念，其成果发表于《美国经济评论》2008 年第 2 期上，成为气候变化经济学研究领域的开创性的经典文章。气候变化经济学就是为解决气候变化问题提供经济学的理论支撑和实证分析支持,并对减少、避免气候变化损失或适应气候变化做出规范的政策分析。

1.3 气候变化与农业发展

1.3.1 气候变化对农业生产的影响

气候变化对农业的影响体现在对农业生产的影响、对粮食安全的影响、对农业生态环境的影响等方面。

首先,气候变化影响农业生产。气候变化使长期形成的农业生产格局和种植模式受到冲击,影响整个农业生产过程。第一,气候变化会引起农业生产投入增加、产出减少,造成生产损失。一方面,农业生产是以水肥作为基本生产条件的,气候变化会导致维持农业生产的水肥条件发生变化,从而引起农业生产投入的增加。有研究表明,气候变暖会导致微生物分解土壤有机质的速度加快,使土地肥力下降,而维持既定生产必然导致肥料施用量增加,农药施用量也会增大,从而引起生产投入的增加。此外,气候变暖还会加剧作物病虫害和土壤肥力的损失,增加农药和化肥的施用,导致农业的防灾减灾成本不断上升。另一方面,气候变化导致的干旱、水涝、病虫害等都可能造成作物减产乃至绝收,造成农业生产的巨大损失。第二,气候变化影响农业的生产布局和结构,影响农业耕作制度。郭建平等(2001)的研究表明,一个地区的气候条件同该地适宜生长的农作物品种与种类密切相关。气温上升会导致土地积温变化,进而引起农业种植区域的位移。对于不同的作物品种而言,这种位移是有差异的,譬如由于气候变暖的作用,东北地区的水稻以及麦豆种植区域向北位移,而玉米种植区域却向南位移。气候变暖也引起作物种植制度和种植面积发生变化。刘彦随等(2010)发现,气候变暖导致二熟制和三熟制的分布面积扩大，一些晚熟作物种植面积增加，复种指数提高，而一些喜温作物、越冬作物的种植区域发生普遍北移的现象。此外，气候变化引起的产量波动还会导致农业生产收益出现波动，使得农业生产的风险增加，影响农民的收入水平和生活的改善。

其次，气候变化影响粮食安全。粮食安全是国家安全的重要方面。中国是一个人口大国，农业资源人均占有量少。气候变化对粮食安全的影响表现在两个方面：一方面，气候变化会引起粮食产量波动。郑国光（2009）认为，气候变化和极端气象灾害导致我国粮食生产的自然波动从过去的10%逐步增加到20%，极端不利年景甚至达到30%以上。联合国食物权特别报告员德舒特指出，如果不采取任何措施，到2030年，气候变化会导致农业产出下降5%～10%。气候变化导致农业生产的不稳定性与地理的区域差异和作物种类分布相关。郭建平等（2001）对1951～1987年中国气象资料和农作物产量进行了分析，认为气候变化导致东北、华北、西北和西南地区玉米呈增产趋势，而长江中下游和华南地区玉米呈减产趋势；华北地区冬小麦呈减产趋势，而西北地区冬小麦呈增产趋势。另一方面，气候变化会影响粮食品质。温度升高将促进作物的生长发育，提早成熟，影响籽粒饱满度，造成物理成分和化学成分发生改变，降低营养物质含量和品质。大气中二氧化碳含量的增加也会降低植物果实的蛋白质含量，使粮食品质降低。

最后，气候变化还会影响农业生态环境。有研究表明，气温每升高1℃，农业灌溉用水将增加6%～10%，大量的灌溉取水势必造成水生态系统的改变。气温升高还会导致土壤中微生物分解作用增强，一些土地变得贫瘠，更多温室气体被释放到大气中。为维持既定的产量，大量施用化肥和以增产为目的的集约化生产也会造成温室气体的大量排放。气候变化将导致农业生态环境发生一系列的变化，对农业生产系统产生复杂多样的影响，进而影响粮食的生产。

1.3.2 影响农业生产的气候因素

大量观测和研究表明,气候在较长时间尺度内有变暖的趋势,但变暖并不是气候变化的唯一表现。气候变化改变了一组气候变量的分布,包括温度、降水、湿度、风速、日照时数和蒸发量等。农业生产受气候变化的影响。IPCC第五次评估报告以大量实证研究为基础,总结了小麦、玉米等主要粮食作物受到气候变化影响的结果,发现气候变化导致小麦和玉米减产,减产幅度为每10年1.2%~1.9%。而中国《第二次气候变化国家评估报告》表明气候变暖对东北地区粮食生产有正面影响,而对华北、西北、西南地区有不利影响,对其他地区的影响不明显。

水分和热量是地球生态系统的重要组成部分,也是造成不同区域生物分布差异的原因。相关研究表明,占中国国土面积一半以上的西部地区的生物量占全部生物量的13%,而东部地区的生物量占全部生物量的87%,其中东部地区生物量呈现由南向北逐步递减的分布特点,唐华俊和周清波(2009)对此进行了研究,发现东部和西部地区生物量分布不均的原因在于水分条件的差异,而东部地区生物量南北分布的特点源于热量条件的差异。在研究气候变化对农业生产的影响时,学者们关注最多的也是温度和降水。周曙东等(2010)、周等(Zhou et al.,2014)、黄维等(2010)分别从全国七大区域、省和县等不同层面进行研究,均发现温度和降水等气候因子对粮食产量有显著影响,且这种影响因作物品种和区域不同存在显著差异。气温升高对华北和华中地区的粮食单产不利,对东北、西北、华东、华南和西南地区的粮食单产有利;降水对水资源相对丰裕的华中、华东和华南地区的粮食单产不利,而对缺水地区如东北、华北、西北、西南地区的粮食单产有利。

1. 温度对农业生产的影响

温度是影响农业生产的重要因子。适宜的温度条件会促进植物的生长发育,过高或过低的温度会影响植物的生长发育,极度高温和极度低温会导致植物脱水或遭受冻害而死亡。

气温上升会导致土地积温变化，有研究表明，气候变暖对部分地区的粮食生产产生了规律性的影响，黄淮海地区夏玉米因气温升高导致播期提前、生育期天数增加。张厚瑄（2000）、赵俊芳等（2009）、贾建英（2009）的研究表明，气候变暖会对种植制度产生较大的影响，热量资源的增加将使一年二熟或三熟的北部边界向北扩展，可种植面积增加，有利于农业丰产增产。杨晓光等（2010）的研究表明，随着积温的升高，1980年后的将近30年，我国一年二熟、一年三熟的种植北界都较1980年前的30年有不同程度北移，北方部分省区冬小麦和双季稻的可种植北部边界均不同程度地向北向西移动和扩展。刘彦随等（2010）发现，气候变暖导致二熟制和三熟制的分布面积扩大，一些晚熟作物种植面积增加，复种指数提高，而一些喜温作物、越冬作物种植区域普遍北移。对于不同的作物品种而言，这种位移是有差异的，如由于气候变暖的作用，东北地区的水稻以及麦豆种植区域向北外迁，而玉米种植区域却向南外迁。云雅如等（2005）对黑龙江省近20年来水稻和小麦播种情况进行了研究，发现积温增加导致水稻的播种范围向北部和东部扩展，种植面积比重也显著增加，而小麦种植范围则大幅向北退缩。温度变化也对作物的品种选择产生影响。金之庆等（2002）利用模型对气候变暖导致的作物布局和品种布局变化进行评价，研究了冬小麦的安全种植北界因气候变暖可能出现的地理位移。温度的上升会使部分一定品种的作物种植区域扩大和生长期延长，促使那些生育期较短的早熟品种被产量更高的中晚熟品种取代。

土壤是作物生长的载体，也是获取有机质的重要介质和来源。土壤有机质是土壤肥力的重要构成要素，气候变化对土壤产生影响进而影响农业生产的机理在于土壤与环境要素的水、热发生作用，影响土壤中有机质、矿物质含量以及微生物种群间的数量关系等，导致土壤肥力等发生变化（肖辉林和郑习健，2001）。高鲁鹏等（2005）进一步研究发现，在导致土壤有机碳含量变化的因素中，气温变化发挥着主导作用，气温升高会造成土壤中有机碳减少，而气温降低有利于土壤有机碳的增多。气温升高也会使土壤中微生物分解作用增强，一些土地变得贫瘠。土壤肥力的变化会引起农业生产产量波动或投入成本的增加，对农业生产的稳定产生不利影响。气温升高导致的蒸腾作用的加强，使田间干燥度提高，湿度降低，影响了作物生长的微观环境。

温度变化也会导致生物种群之间的数量关系变化，打破病虫害与天敌之间的制衡，扰乱生态系统。叶彩玲和霍治国（2001）认为，冬季温度的升高会使农作物害虫越冬基数增加、越冬地理范围扩大，加大了来年病虫害发生频度和危害程度。此外，温度的升高还可能导致病虫害天敌因无法适应温度升高而造成种群数量减少，缺少天敌的制约会导致部分害虫繁殖加速，增加了累积暴发的风险，威胁农业生产的稳定。

温度变化导致农作物生产环境和基本条件发生一系列的改变，而这种影响最终会反映到农作物的产量上。有关气候变化影响农业生产尤其是粮食产量的研究已成为气候变化研究领域的重点内容。刘等（Liu et al.，2004）认为，在大多数气候图景下，气温升高对农业生产具有正面作用。由于农业生产的基础条件不同，气候变暖对不同生产条件的作物产量的影响也不尽相同。肖国举（2007）研究了黄淮海地区农业生产情况，发现1980~2000 年的气候变暖导致粮食产量下降，其中雨养小麦全面减产，黄淮海西部地区由于更加干旱，其减产幅度大于东部。王等（Wang et al.，2009）的研究认为，气候变暖对旱作农场不利而对灌溉农场有利。林而达等（1997）认为，在温度变暖的情况下，如果适应技术及时会使作物生产量增长，如无相应的适应技术则可能由于生长期缩短而对作物干物质积累和产量产生负面影响，而且热量的增加对作物的影响受到降水变化的制约，温度升高而降水不增加，会对作物生长不利。

气温变化对不同地区的影响也存在差异。李美娟（2014）的研究表明，气温升高对东北、西北、华东、华南和西南地区的粮食生产有利，而对华北和华中地区的粮食单产有负面影响。许多学者对气候变化未来的趋势和可能对粮食产量的影响做出了预测。秦大河（2002）通过模拟气候变暖趋势与产量的关系，认为未来30 年内因气候变暖导致的产量减少范围为

5%～10%，小麦、玉米和水稻均以减产为主。林而达等（2007）的研究表明了相同的观点。张建平等（2005）对华北地区冬小麦的研究认为，预计未来 100 年内因气候变化导致的小麦产量减少将达到 10%。由于气候变暖导致作物发育速度加快、生长期变短等因素，张明伟等（2011）预计未来 90 年内华北地区冬小麦将平均减产 8% 左右。

2. 降水对农业生产的影响

就总量而言，我国的水资源是比较充沛的，但考虑到耕地的面积及分布，单位面积水量相对较少，而且由于我国的平均气温在持续提高，造成我国的水源温度也相应升高。一方面，温度的升高使大气中水分可容纳总量增加；另一方面，温度升高也导致地球大气环流加速，更多的水汽被蒸腾到大气中。在温度、降水、日照等基本的农业气象因素中，降水是制约农作物尤其是小麦产量的主要因素。张志红等（2008）通过对小麦生育期降水量与小麦产量的敏感性研究，发现降水量是制约小麦生产的重要因素。罗海秀（2014）通过实验的方式模拟气候变化对生长发育过程和小麦产量的影响，发现在降水、日照、温度等因素中，降水是对冬小麦产量影响最大的因素。

农作物生长具有一定的时间周期，降水的年度或季节分布对作物产量也会产生影响。党廷辉等（2003）、徐为根等（2004）分别运用回归的分析方法对降水量与作物产量之间的关系进行了研究，发现了较为一致的结果，即作物生育期不同时段降水对产量的影响存在不同。李广等（2010）、毛婧杰（2013）发现作物产量与年度总降水量和降水量的季节分配都息息相关。降水的时节与作物生育周期中需水时段契合就会促进作物生长，增加产量，如果降水的时节与作物生育周期不契合，则可能产生相反的作用。

降水对农作物产量影响也因地区差异而存在不同。刘等（Liu et al.，2004）运用李嘉图模型对全国 1275 个农业主产县的气候变化与农业生产影响的研究表明，在大多数气候图景下，降水量的增加具有正面作用，但不同地区和季节存在差异。门德尔松等（Mendelsohn et al.，2007）发现，对于加拿大而言，降水增加会带来更多的收益，而美国的情况正好与之相反。王等（Wang et al.，2009）通过分析气候变化对旱作农场和灌溉农场的影响，认为降水量的增加对非潮湿地区有利。就中国而言，降水量增加对华北、东北、西北、西南地区粮食增产有利，而对华中、华东和华南等相对湿润地区增产不利。

与温度一样，降水也会对土壤有机质含量产生影响。秦小光等（2001）发现，降水变化是影响黄土高原土壤有机碳变化的主要因素，降水的增加会导致土壤有机碳增加，提高土壤肥力。白人海（2005）对松花江、嫩江流域黑土地有机碳含量的分布及变化趋势的研究也得到了相同的结论。

3. 日照对农业生产的影响

光合作用是植物将水和CO_2进行合成转化为有机物的过程，也是将光能转变为有机物中化学能的能量转化过程，充足的日照对于农作物的生长和产量至关重要。马雅丽等（2009）对气候变化因子与玉米产量影响的研究中发现，除了温度和降水外，日照也是影响山西玉米产量的气候因子之一。王辉等（2014）对昆明地区水稻生育期气候要素进行了研究，通过建立温度和日照对水稻生长发育的适宜度模型，发现该地区的水稻在整个生育期内，日照适宜度总体呈下跌趋势，中后期日照不足限制了水稻产量的形成。总体而言，中国大部分地区的日照时间对于本地生长的农作物来说是相对充足的，华北、东北、西北等地气候干燥，光照时间比经常阴雨的华中、华东和华南地区光照时间要长。

此外，许多学者将温度、降水和日照共同作为影响产量的气候变化要素，发现如果降水适宜，气候变暖可使旱区农作物产量增加。张旭光（2007）、王丹（2009）对水稻种植的研究发现，生育期内温度升高、降水减少、充足的日照对产量具有正向积极作用。卡托里亚等（Kathuria et al.，2013）使用农业生产系统研究温度变化、CO_2变化以及自然降水量对小麦生产的影响，发现温度与平均粮食产量负相关，而降水量和二氧化碳与平均粮食产量正相关。温度和降水也存在可替代的关系，如王等（Wang et al.，2009）对澳大利亚威尔士州的小麦生产所做的研究表明，温度上升1℃导致的小麦产量增加可以由降水减少 10% 来补偿。

4. 空气湿度、CO_2 以及极端气候对农业生产的影响

随着 CO_2 等温室气体排放的增加，全球变暖的趋势日趋明显。气温的上升导致更多的水分被蒸发并保存在大气中，威利特等（Willett et al.，2007）通过建立模型研究人类活动对地表温度的影响，结果表明，随着人类活动的增加和温度的上升，未来空气的相对湿度将会进一步升高。当前关于空气湿度对作物生长和产量影响的研究较少，育种专家程顺河等（2005）进行的相关研究表明，空气相对湿度升高是诱发小麦赤霉病、白粉病的重要因素，最终的结果是导致小麦产量明显降低。实际上，有学者通过研究发现清晨时段作物的光合作用速率不高，通过对作物生长机理的分析，发现这一原因除了与光照强度有关外，还与早晨空气相对湿度大、蒸腾速率低、不利于光合作用产物在作物体内输送有关。

此外，大气中 CO_2 浓度是气候风险的诱因，但也会对农业生产产生重要影响。王等（Wang et al.，2014）对已有文献进行梳理，发现是否考虑 CO_2 施肥效应成为评价气候影响的重要因素。在阿尔伯森等（Albersen et al.，2002）的研究中，在不考虑 CO_2 施肥效应的情况下，气候变化对于大多数地区的玉米产量的影响为负效应，而若考虑 CO_2 施肥效应则气候变化对雨养玉米的效应为正，而对灌溉玉米的效应为负；费希尔等（Fisher et al.，2012）的研究结果显示，不考虑 CO_2 施肥效应则气候变化对水稻的效应为负，而考虑 CO_2 施肥效应则气候变化对水稻的效应为正。刘建栋等（1997）利用 ARID CROP 模型模拟了 CO_2 倍增时黄淮海地区冬小麦气候生产力的变化。陶等（Tao et al.，2012）等运用模型评估了不同碳排放情境下水稻生产和用水量随气温变化的情况，结果表明，全球气温变化及其对水稻生产和用水的影响存在差异，即便考虑 CO_2 施肥效应，水稻产量也会

因气温上升而减少。运用作物模型得出的一般结论是随着气温的升高以及降水的减少,粮食产量将随之减少。李喜明等(2014)、黄德林等(2016)使用可计算一般均衡模型,将考虑 CO_2 肥效作用的气候变化影响的玉米单产变化作为政策模拟方案,通过构建的基期来模拟对中国玉米生产和消费的影响。研究结果表明,无论是在 A2(区域性合作对新技术的适应慢,人口继续增长)还是 B2(生态环境的改善具有区域性)情景下,都导致玉米供给增加且增加的供给量大于需求。

气候的形成和变化与地理单元特点相关并受其影响,极端或突发性自然灾害严重影响农业的生产。安芷生等(2004)、覃志豪等(2005)的研究发现,全球性地理单元的异常变化导致的突发性自然灾害也是影响农业生产的重要因素。相关研究表明,2008 年和 2010 年分别发生的中国南方冰雪灾害和新疆雪灾冻害以及 2009 年和 2010 年分别发生的北方小麦产区持续干旱和西南地区旱灾,都与气候变化导致的大气环流异常有关。随着未来全球变暖趋势的进一步发展,预计极端气象灾害发生的频率和强度都会有所增强,其影响区域也会扩大,农业的稳定生产和粮食产量增长将继续受到挑战。

1.4 农业气候变化的减缓与适应

1.4.1 农业耕地碳排放

在土地利用碳排放的产生机理方面,现有研究对土地利用过程中的碳排放研究主要集中在四个方面。

一是不同土地利用方式的碳排放。土地利用变化是仅次于化石能源燃烧的第二大温室气体产生源头(曲福田等,2011)。不同土地利用类型的碳排放存在差异,主要体现在土壤的碳储量与碳通量不同(Anokye et al.,2021;张俊华等,2011;周洪华等,2011;Houghton et al.,2012),因此,用地之间相互转化能够改变土地碳排放和碳平衡（陈军腾等，2020；Kondo et al.，2018）。不同土地利用类型的碳排放量通常存在一定的差异性，林地作为最大的陆地碳库，其面积变化会对全球陆地生态系统碳循环产生极大影响（陈广生等，2007；Pekka et al.，1990）；建设用地和耕地是主要的碳排放土地利用类型（唐洪松等，2016），其中，耕地是碳源也是碳汇（周嘉等，2019），农业用地是重要的碳源和主要的碳汇（Bo et al.，2011）。

二是土地利用类型转化引发的碳排放存在较为明显的区域差异。葛全胜等（2008）发现历史上耕地面积增加及林地面积缩减会引发碳排放量增加，但由于农业活动与植被破坏度不同，各地区土壤碳储量受土地利用与覆被变化的影响存在空间差异。张梅等（2013）发现中国六大区域土地利用类型转变的碳排放存在较大差异。彭文甫等（2016）研究结果表明，建设用地和林地分别为四川省最大的碳源与碳汇，增加林地、减少建设用地是减排的重心。贝尔等（Bell et al.，2011）认为，林地面积增加和可耕地转变为永久草地使得英国的土壤成为碳汇。对于土地利用结构的碳排放，目前的研究聚焦在土地利用结构碳排放效率的增长（范建双等，2018）、土地利用结构的相对碳效率及其对陆地生态系统碳储量的影响（王佳丽等，2010）和土地利用结构的低碳优化（赵荣钦等，2013）等方面。

三是土地利用管理方式引发的碳排放。对于土地利用管理过程中的碳排放，当前研究主要集中在农用地的管理上，结果表现为不同管理措施对农用地碳储、碳排放能力的影响方向不同，程度也存在差异（张心昱等，2006）。王小彬等（2011）研究发现，中国实施秸秆还田、有机肥施用、少耕和免耕技术等农田管理措施可以增加农业土壤碳汇。李寒冰等（2019）的定量分析结果表明，施肥相较于不施肥、传统耕作相较于免耕将增大土壤碳排放强度；不使秸秆还田将降低土壤碳排放强度。曹凑贵等（2011）认为，施氮肥对土壤碳排放不产生影响，稻田养鸭可降低稻田温室效应，免耕能有效降低土壤碳排放。此外，灌溉通常将增加土壤的碳排放（齐玉春等，2014）。

四是土地利用集约程度改变碳排放。区域尺度上，湖北省中心城市土地集约利用水平与土地利用碳排放存在长期均衡关系（张苗等，2015）。我国关中地区城市群碳排放强度将在土地利用集约度到达临界值后逐步递减，并趋于平稳（周璟茹等，2017）；全国尺度上，我国东部、中部地区具有较高的土地集约利用水平和碳排放效率值，省份之间土地集约利用碳排放效率存在差异（张苗等，2016）。

1.4.2　农业气候变化适应

农业是对气候变化敏感的特殊部门，稳定的农业发展对于中国而言具有非常重要的意义。应对气候变化是农业生产克服自然环境不利因素、保持生产稳定的必然选择。基于对气候变化波动和极端气候条件所带来危害的认识，采取积极措施应对气候变化成为人类的共同选择。

1. 适应成为应对气候变化的选择

气候具有全球性公共物品和外部性的特征，因而气候变化问题及其应对也具有全球普遍性和区域复杂性的特点。虽然学界对气候变化问题的关注自20世纪70年代起就已经开始了，但对气候变化形成国际共识并协力应对却是在2006年经济学家斯特恩对气候变化进行经济学评估之后。许多学者就应对气候变化开展了相关研究，提出了减缓与适应两条途径。基于对人类活动与气候变化之间关系的认知，以降低人类经济社会活动、减少温室气体排放为主要手段的应对方式被首先应用到国际谈判中，减少碳排放额度成为国际气候变化谈判的焦点和博弈工具。

虽然经过大量的谈判和利益博弈，达成了以减少碳排放为主要内容的《京都议定书》，但是基于经济增长与碳排放之间的互动关系，在既定技术条件下，减缓气候变化需要降低碳排放量和排放强度，意味着降低经济增长的速度和幅度，特别是在金融危机背景下，部分发达国家甚至为此公然违背巴厘路线图，试图逃避《京都议定书》限定的义务，而减少温室气体排放也严重影响到发展中国家的发展权与发展空间，减缓气候变化遭遇到

"执行难"的困境。由于气候变化的影响具有滞后性的特点，人类减缓气候变化的行动并不能消除前期排放所造成的影响，减缓行动面临气候变化与减缓行为的"时间差"。此外，由于发达国家与发展中国家对先进技术的掌握和拥有程度存在巨大差异，发达国家基于国际竞争和经济利益，在减排的技术转让及分享方面进展缓慢，承担艰巨减排任务的发展中国家遭遇技术手段缺乏等多重困难。从已有的手段和方式看，减缓气候变化的行动并未能从根本上缓解气候变化。

由于以降低碳排放为主要应对方式的气候变化应对遭遇困境，对气候变化的适应日益受到重视，并有效推进了各国应对气候变化的进展。至 20世纪 90 年代，国际社会经过艰苦谈判，就应对气候变化达成重要共识，分别于 2009 年签署《哥本哈根协议》、于 2010 年签署《坎昆协议》、于 2011年签署《德班协议》，这三个协议的签署标志着国际气候应对的重大进展，一些主要国家基于此开始制定适应本国发展和现实的适应气候变化的战略及行动计划，中国也于 2013 年首次制定并发布了《国家适应气候变化战略》，并通过省级层面的示范项目和试点工程，推动气候变化适应行动在全国范围开展。欧盟、美国、澳大利亚等国家和地区也分别制定了自己的应对气候变化国家（联盟）战略。2016 年，在 G20 杭州峰会召开之际，中美两国同时向联合国递交《巴黎协定》批准文书，标志着全球应对气候变化行动进入一个新的阶段。

2. 农业适应气候变化的主要措施

适应气候变化仍然是一个复杂的问题。关于适应的含义，联合国政府间气候变化专门委员会（IPCC）给出的权威解释是：无论是自然界还是人类社会，都需要根据已经发生或可能发生的气候变化及其影响，积极做出调整和适应，以趋利避害，实现生态平衡和可持续发展。气候变化是一个渐进的过程，适应的目标是通过调整不断增强对气候变化的适应能力，以降低由此可能导致的风险和损失，因此适应气候变化也是一个可持续的调整过程。

随着认识的不断深入，学者从不同角度对农业适应气候变化的措施进行了研究。秦大河（2002）、谢立勇等（2009）、钱凤魁等（2014）分别总结和梳理了中国农业适应气候变化的相关措施，包括继续加强农业基础设施建设、推进农业结构和种植制度调整、选育抗逆品种、加强新技术的研究和开发等，指出这些措施为各地采取适应行动提供了基础。肖风劲（2006）、李虎等（2012）提出改进作物品种布局、熟制、种植结构等以适应气候变化下光照、热量以及水资源变化和气象灾害的新格局导致的种植区域位移和作物生长期的变化。李希辰等（2011）通过研究提出应采用地膜覆盖、种子包衣等农业生产技术，采用深松深耕等保护性耕作方式。李虎等（2012）也提出采取适应性农艺措施，综合运用滴灌喷灌、测土施肥等方式调节水肥供给等，提高农业适应气候变化的能力。此外，还有学者提出通过增加抗虫害/耐候优良品种的投入，增加农药、化肥、灌溉等的投入，改善要素投入组合，适应气候变化导致的资源禀赋变化。

刘恩财等（2010）从经济与社会发展趋势、农业产业的特性以及防灾减灾的基本规律与要求等角度，提出了建立健全组织机构、政策法规等涉及八个方面的未来适应能力建设问题。刘燕华等（2013）对气候变化的适应技术进行了归纳总结，提出了适应气候变化技术的框架。韩荣青等（2012）分析了气候变化对华北平原农业的影响，提出了适应气候变化的技术集成创新体系，指出应对气候变化需要建立完善的适应气候变化技术的集成创新机制。李希辰和鲁传一（2011）通过比较研究，系统分析了气候变化对农业部门可能造成的影响，分区域梳理了不同地区面临的主要气候风险和可以采取的适应措施，并识别了各项适应措施在实施过程中可能遇到的障碍，提出了相关对策和政策建议。吴婷婷（2015）对江苏和安徽两省水稻主产区的农户开展了调研，提出从政府政策和农户自身两方面着手提升应对自然风险的能力。此外，刘彦随等（2010）、赵伟（2013）还分别梳理了国外农业领域应对气候变化的措施和经验，包括制定应对气候变化的长远战略、构建应对气候变化的长效机制与创新体系，转变生产方式、减少温室气体排放，把农业适应看作一个复杂的系统过程，鼓励农民参与等，为中国气候变化应对提供了良好的借鉴。

许多学者对适应气候变化的措施和行为进行了分类。潘家华和郑艳（2010）从适应气候变化的政策性内涵的角度将气候变化的适应行为划分为增量型与发展型。周曙东和周文魁等（2010）通过分析农作物对温度、降水变化的敏感性和农业的脆弱性，将应对气候变化的措施划分为农业适应性技术措施和农业适应性政策措施。周义等（2011）提出应对气候变化的农业科研政策对于揭示气候变化对农业生产系统的影响机理与适应机制是非常必要的，有助于厘清农业应对气候变化的科学思路，因而应该成为采取上述农业适应性技术措施和农业适应性政策措施的前提。

综合国内外的研究成果和应对气候变化的实践，农业领域适应气候变化的措施可以归纳为政策性措施和技术措施。适应气候变化的政策性措施包括以下一些：把适应气候变化纳入国家政策与规划；完善农业防灾减灾体系；改善农业基础设施，提高农业机械配套标准及现代化生产水平；支持开展农业适应气候变化的相关研究；加强生态环境建设，降低农业对气候变化的敏感性；加大对气候变化适应措施的推广，鼓励农民参与等。适应气候变化的技术措施包括以下一些：调整农业结构和种植制度；选育抗逆性强的农作物新品种；调整及改善农业生产管理手段；提高要素投入水平，改进要素组合方式；发展设施农业，提高农业抗御自然灾害的能力等。

1.5　气候变化应对的公共政策问题

气候变化应对研究的焦点主要集中于以下三个方面：一是气候变化的经济学转化方式，主要涉及气候变化的外部性物品转化为量化的货币价值等；二是与发展和代际公平相关的气候变化影响的评估，主要涉及气候变化的经济损害折现率的确定以及如何对减排进行成本收益分析等；三是应对气候变化的国际博弈策略等，主要涉及如何建立有效的国际合作机制来实现国际公平发展前提下的可持续发展，包括责任分担的原则、通过碳税调节及碳指标交易的策略等。

1.5.1 气候变化影响的公共属性

从全球的角度看，解决气候变化问题需要国际社会的共同行动。通过国际合作实施温室气体减排和全球环境治理就如同一个国家的国防公共物品，任何一个国家对这个公共物品的消费丝毫不影响其他国家的消费，应对气候变化的全球行动因而具有了非竞争性和非排他性的特征。在气候变化治理中，各个国家都会倾向于自己不做任何努力而从别国减排的努力中享受到好处，各国为解决气候变化问题所做的任何努力和收效都不能阻止"搭便车"行为。

应对气候变化是世界各国关注的焦点。以斯特恩的研究为代表，学界和国际组织就应对气候变化形成了以减少温室气体排放为特征的减缓路径和以调整产业结构、改变发展模式为特征的适应路径。然而，由于减缓气候变化意味着降低温室气体的排放强度，这需要减少对于化石燃料的使用，由于化石燃料仍然是当今世界经济发展的主要能量依赖，降低温室气体的排放必然会降低经济发展的速度，并减少就业机会，影响人类经济生活及发展的诸多方面。由于应对气候变化具有公共物品的属性，减缓措施涉及各个国家的发展利益，以减缓为目的的气候变化应对遭遇重重困难。应对气候变化的国际行动经历了复杂的博弈过程，并最终形成共识。

环境库兹涅茨曲线的原理表明，当前许多发达国家已经走过了碳排放增加的阶段，而广大发展中国家追求经济增长的努力必然导致碳排放的持续增加。各国围绕保护环境、减少温室气体排放和维护发展中国家发展权与发展空间等议题展开国际谈判，气候变化也成为国际利益博弈的工具。以斯特恩报告为基础，一些国际组织如 IPCC 和联合国开发计划署（UN-DP）发布相关报告，敦促世界各国切实采取有效措施减少温室气体排放，2007 年的全球气候变化会议也呼吁发达国家和发展中国家合作应对日益紧迫的全球气候变暖问题，2008 年《哥本哈根协议》进一步明确了将温度升高控制在 2℃作为应对气候变化的具体目标。许多学者也呼吁立即采取全球行动应对气候变化，并积极提出政策建议。克莱因（Cline，1992）、诺德豪斯（Nordhaus，1994，2006）都测算了应对气候变化的低碳转型成本，得出了比斯特恩研究中不作为成本更低的结论。在中国，潘家华（2014）也从经济学视角对如何减缓气候变化提出了新的思考，崔大鹏（2003）通过研究强调国际合作在应对气候变化中的作用，陈迎等（2007）解读了斯特恩报告的内容，对未来气候谈判的走向做出了判断，罗慧等（2010）采用计量模型论证了气候变化对中国社会经济的影响，并将结果进行了量化。中国政府高度重视气候变化问题，并采取了一系列政策措施。2021 年10 月，《中共中央 国务院关于完整准确全面贯彻新发展理念做好碳达峰碳中和工作的意见》发布，明确了实现 2030 年前碳达峰、2060 年前碳中和目标愿景的路线图，并从产业结构、能源结构、运输结构等方面部署了一系列任务举措。此外，2022 年 10 月发布的《中国应对气候变化的政策与行动 2022 年度报告》系统总结了中国"十四五"以来应对气候变化的新进展、新成效。这些文件与此前发布的《中国应对气候变化国家方案》(2007)、《中国应对气候变化的政策与行动》白皮书（2008）、《第二次气候变化国家评估报告》（2011）、《应对气候变化国家适应战略》（2013）等重要政策文件一脉相承，进一步丰富和完善了中国应对气候变化的政策框架，为"十四五"及中长期应对气候变化行动指明了方向。

在农业领域，应对气候变化的行动除个体所采取的措施外，以政府和集体出面开展的气候灾害预警系统建设、农业灌溉设施建设、生态防护林体系建设等均具有公共物品的性质，一个农户的使用并不降低其他农户的使用效果，而对这些设施所采取的努力也不能阻止"搭便车"的行为。从这一点上看，农业生产领域应对气候变化的许多措施无法以个体应对的形式单独完成，需要政府或集体组织出面或以个体协商一致的形式实现，这也是应对气候变化公共属性的体现。

1.5.2 气候变化影响的外部性属性

气候变化具有外部性的特点，大气中温室气体浓度上升会导致全球变暖。气候变化的这种跨国外部性效应使其不具备交易和价格的属性，所造成的后果也无法通过跨国市场来弥补。同样，部分国家通过降低经济活动或通过改进生产方式减少温室气体排放，改善了全球气候的条件，在没有全球统一的气候变化应对机制的条件下，为减缓气候变化付出代价的国家也无法获得市场的有效补偿。

对于所有国家而言，气候变化带来的外部性并非全是负的。对于太平洋岛国来说，全球变暖可能使其遭受灭顶之灾，然而对于靠近极地地区的国家来说，气候变暖会导致冻土融化，使这些区域的可耕地或牧场增加，对该地区的经济社会带来正向的外部性。同样，那些受他国排放所带来的气候变化外部性影响的国家，即便自身减少排放得不到市场机制的有效补偿，但为减缓气候变化付出代价的国家仍然会从其生产方式的改进中获得可能的收益，也就是说，加剧气候变化会产生负外部性，而为减缓气候变化付出的努力最终也会使相关国家获得正的外部性。

人为导致的气候变化具有外部性的特征，按照古典经济学理论，解决外部性的方式主要有征收"庇古税"以及建立外部效应市场等，许多学者对此进行了研究和探讨。由于在人类活动所排放的温室气体中二氧化碳所占比例最大，而且相对其他温室气体更容易监测，因此，在全球范围内征收碳税也成为控制和减少温室气体排放的主要着力点。相关研究表明，通过征收碳税实施严格的管制能减少50%甚至更多的全球碳排放量。碳税和碳排放权交易是两种主要的碳定价机制。碳税通过对碳排放定价，促使资金流向低碳产业和技术，引导企业和消费者减排。而碳排放权交易制度以"科斯定理"为理论基础，通过初始配额分配和市场交易，在排放总量控制下实现减排成本最小化。一些学者提出，碳税和碳交易可以相互补充，形成"混合"气候政策，以发挥两种政策手段的协同效应。碳排放权交易制度确立了这样一种模式，即限定各企业每年碳排放的额度，若某企业当年温室气体排放低于最高限额，则可将多余许可证卖给其他企业。而需求企业可通过购买许可证的方式增加温室气体排放以达到平衡。1994 年生效的《联合国气候变化框架公约》推动了可交易许可证的研究和应用，由于采用此机制可比较容易地对碳排放额度进行市场定价，可交易许可证制度的发展空间也更广。

农业生产是温室气体排放的重要来源，全球 1/5 的温室气体排放来自农业生产过程。在以畜牧业为主的国家和地区，农业生产过程中的温室气体排放可能给其他国家和地区带来负的外部性。然而，通过应用先进科技手段、改善饲养结构、改良饲草品种、减少载畜量等措施，降低温室气体排放强度，长远来看不仅可以改善当地生态环境，还可能产生正的外部性。在全球应对气候变化的进程中，不同国家和地区面临着不同的减排压力和机遇。因此，发达国家和发展中国家应在共同但有区别的责任原则下加强合作，根据各自的资源禀赋和发展阶段，合理分担减排义务，并通过碳税、碳交易等手段，促进农业领域的低碳转型和可持续发展。

1.5.3　气候变化应对涉及代际公平

由于人类活动的影响，近百年尺度内的气候变化趋势呈现出非周期性的特点，并成为影响人类生存和发展的重要因素。世界环境与发展委员会于 1987 年发表了《我们共同的未来》报告，指出人类应追求"既满足当代人的需求，又不对后代人满足其自身需求的能力构成危害的发展"，这就是可持续发展的理念。由于温室气体会在大气中存在很长的时间，也就是说人类活动的当期排放可能会导致后期气候变化的结果，由后人承担。这与形成人类共识的可持续发展理念是相悖的。许多学者提出需要将对代际公平的考虑纳入气候变化经济学的分析之中。采用贴现的方法有助于弥补人们由于对当期利益追求的偏好而给后代带来机会成本。斯特恩（Stern，2007）基于自己的研究，应用每年 0.1% 的贴现率，得出发达国家需要每年支出其 GDP 的 2% 来采取措施应对气候变化。这一结果招致许多学者的批评，认为这一数值不足以弥补对气候变化造成的损失和影响。对于贴现，争议的焦点在于合理贴现率的确定以及除贴现率之外是否有其他道德行为的约束等。

由人类活动排放温室气体导致的气候变化具有滞后性的特点，也就是说人类活动的当期排放可能会导致后期气候变化的结果，这种后果不由当期的人们承担，这就产生了气候变化的代际公平问题。同样，从国际上看，当前的气候问题是发达国家前期排放的后果，多与后起国家无关，这又涉及国际公平的问题。

在经济发展过程中，人们往往愿意以较低的成本投入获取较高的收益。化石燃料是自工业文明以来推动人类发展进步的主要能量来源，对高速经济增长的需求造成化石能源的大量使用和温室气体的过度排放也是近百年来气候非周期性变化的主要原因。由于节能减排对技术的要求较高，而且涉及发展方式的转变，对于追求经济发展的广大发展中国家而言，实现低碳发展需要付出高成本的代价。而由于温室气体对气候变暖影响的滞后性，现在的全球变暖主要来自欧美发达国家近百年来的排放，而现在发展中国家排放的温室气体导致温室效应将会在未来几十年显现出来。要求发展中国家同发达国家一样采用高成本低碳模式是不公平的，而如果在明知后果的情况下还不采取措施，将气候变暖的后果让后人承担，这对于我们的后代来说也是不公平的。

对于解决气候变化所涉及的代际公平问题，由于人们更愿意获取当期收益而不是将其推迟到未来，因而存在的机会成本使代际贴现得到经济学者的广泛认可。核心的问题在于如何确定合理的代际贴现率，学界存在基于高机会成本的高贴现率和基于低时间偏好的低贴现率的争议。斯特恩基于自己的研究以每年0.1%的贴现率计算出发达国家需要每年支出其GDP的2%来采取行动应对气候变化。由于与人们预想的气候变暖可能造成的巨大损害存在较大差距，斯特恩的这一结果招致了许多学者的批评。除了对较低的贴现率的批评，对于基于时间偏好确定贴现率的基础也受到质疑，道德因素被纳入应对气候变化政策制定的讨论中。运用经济学最优解来自约束条件下的极值这一思路（贴现条件成为约束条件之一），确定温室气体排放的上限或温度控制的目标，然后据此制定可实现目标的路径及实现方式，成为当前应对气候变化努力和国际合作的重要内容。

此外，处于不同发展阶段和规模的国家与地区对气候变化的影响不同，各国、各地区应对气候变化的能力也存在差异，应对气候变化存在国际公平问题。尽管从博弈角度，各国和地区自己不承担或少承担减排任务而让他国更多承担减排责任是占优策略，但最终会导致全球气候变化治理体系的崩溃，没有任何一个国家和地区能够在灾难中幸免，因此以历史责任和支付能力为基础确定温室气体减排的任务成为气候变化国际合作的共识。

第2章

农业气候变化与应对研究进展

气候变化在近百年尺度内表现为气候因子（主要是温度、降水、日照等）的非周期性变化。气候变化的这些表现形式对农业生产的影响是多方面的，无论是对农业生产环境的改变还是对农业生态环境的影响，最终这种影响都会反映到农业生产和农作物本身。

气候变化是一种自然现象，当气候变化的趋势具有人为影响痕迹和非周期性的特点之后，应对气候变化就成为经济社会活动中的一种必然趋势，应对气候变化便具有了经济学的某些特征，应对气候变化的行动便成为一种经济决策行为。

2.1　气候变化对农业生产的影响研究

经济学的研究将自然环境视为构成人类社会的外部因素，自然环境的变化影响着人类的活动。农业生产依赖于自然环境的生产过程，气候是农业生产的外在条件，也是农作物产量形成的自然投入要素，气候变化的表现正是这种自然投入要素的变化，必然对作物产量产生影响。

2.1.1　气候变化对农业生产影响的研究视角

1. 资源效率视角

农业生产过程是农作物在一定条件下利用自身生物学特性将资源转化为生物化学产物的过程，对自然资源的转化和利用贯穿于农业生产的全过程。土地、光辐射、热量以及水分等与农业生产密切相关的自然资源为作物生长提供了必要的物质和能量，是影响农作物生产过程和产量形成的重要方面。

19 世纪 40 年代，德国化学家李比希（Justus von Liebig）最早提出了"最小养分律"的概念，中国现代地理学的先驱任美锷于 1938 年提出并进行了对于作物生产力的研究，标志着中国对作物资源投入产出效率的研究的开端。此后，竺可桢（1964）、黄秉维（1993）等从气候和作物生理角度，对光照、温度、水等要素对作物生产的影响进行了相关研究。许多学者也分别从不同尺度进行了相关的分析和计算，王晓煜等（2015）基于东北地区 65 个气象台站 1961～2010 年的气象观测数据及作物生育期资料，分析比较了不同作物产量及气候资源利用效率差异，发现东北地区玉米、水稻、春小麦、高粱、谷子和大豆六种作物的光温产量潜力呈明显的西高东低的空间分布特征，温度和降水的限制会引起产量潜力损失。

气候变化引起水、热、光等自然资源的数量、质量发生时空变化，影响了农业生产资源的转化和利用效率。许多学者采用资源利用效率衡量气候因素。崔读昌（2001）较早提出了降水资源利用效率和热量资源利用效率的计算公式，分析了气温和降水对粮食产量形成的贡献。付雪丽等（2009）采用温度生产效率和降水生产效率来进行分析。宋梦美等（2017）基于 1993～2013 年吉林省 24 个气象站点的逐日气象数据和农业统计数据，对因气候变暖而增加的种植区域（敏感区）内水、热资源有效利用情况进行评估，发现气候变暖对研究区内水热资源效率的提高表现出明显的正效应。

从已有的研究看，农业学者运用作物模型通过实验的方式研究气候变化因素对作物产量形成的影响，并通过调节水肥等要素投入及配比，分析应对气候条件变化、稳定和增加作物产量的有效措施；经济学者运用经济学分析方法分析气候历史数据，研究气候变化对农业生产及粮食产量的影响，并分析气候要素、投入要素与粮食产量之间的相关性。一个侧重于微观机理，另一个侧重于宏观分析。从对要素的分析和研究的角度看，两者具有一致性，即认为气候变化改变了农作物生长过程中要素的投入比例和投入水平，需要通过增加一种或几种其他投入要素来适应这种组合的变化。

农作物生长过程对于自然环境和生态系统有一定的要求，是自然选择的结果。光照、温度、水分都对作物的分布存在影响。气候变化改变了光、热、水组合的结构和形式，使原有农作物生长所需的资源组合受到影响。虽然从物质不灭定律来说总的投入与总的产出是相等的，但是自然资源及环境要素投入的改变需要投入人为要素去弥补，而这些要素的获取也需要付出资源投入，因此整个资源效率受到损失。

2. 成本—收益视角

鉴于气候变化所带来的后果，任何对气候变化的应对都会对经济产生影响，而这种经济影响就是成本与收益。对气候变化的任何反应都会涉及成本与收益，成本—收益计算是应对气候变化决策的基础。从宏观的角度看，成本—收益平衡是各国参与应对气候变化及制定决策的重要依据[①]，其中气候变化的直接成本是成本收益分析的重要部分。就农业生产而言，气候变化造成的自然投入要素的改变使资源效率受到损失，农业生产具有

---

① 例如，美国参议院在讨论表决《京都议定书》时有过这样的阐述，"任何（气候变化）国际协议都必然会对国内经济产生系列的金融（经济）影响"。具体而言，所谓的"经济金融影响"实际上指的便是成本与收益，即加入气候变化的相关国际协议究竟会给美国带来怎样的收益，同时又增加怎样的成本。也就是说，美国唯有在明确了这样的成本—收益关系后才能做出是否加入《京都议定书》的判断和决策。对此，在美国国会一次有关气候变化的听证会上，与会参议员在回答为何美国仍没有加入《京都议定书》的问题时解释道，"因为美国还没有弄清楚国际气候变化协议对国内经济造成的各种影响"。（Hearing before the subcommittee on oversight and investigations of the committee on foreign affairs house of representatives, one hundred twelfth congress of the United States, first session, May 25, 2011.）

一定周期性的特点使通过调整人为投入要素可以减少相应的损失。虽然气候变化具有公共物品和外部性的特点，但农业生产的特点决定了农业应对气候变化具有较多的私人性质。对于农业生产者来说，其在经济决策中的行为是以经济理性为出发点的，即追求自身利益的最大化。就单一农业生产个体来说，应对气候变化需要进行"成本—收益分析"。农业生产本身就是一个投入产出的经济再生产过程，生产什么、如何生产、投入多少要素、获取多少收益、如何应对生产的风险都是经济决策行为。应对气候变化可能会增加（气候不利情境）或减少（气候有利情境）资源要素的投入水平，经济人的理性决策一定是以成本—收益分析作为前提的。

农业生产和应对气候变化也具有部分的公共性质，政府在应对气候变化、维持农业生产稳定方面也面临成本—收益分析，除了运用公权力提供政策指引外，也会通过增加科技投入、基础设施建设、专项资金投入等公共产品的投入，在私人应对不能涵盖的领域内做出反应。政府提供公共应对时也会面临作为与不作为的机会成本问题，除考虑经济方面的成本与收益外，也会考虑社会成本与收益。

3. 风险与不确定性视角

不确定性就其程度而言可以分为风险和不确定性。风险是指结果未知但结果的概率分布已知的随机性。而我们常说的不确定性指的是不仅结果未知，而且结果的概率分布也是未知的。对气候变化的研究和评估是一个复杂的过程和体系，众多的科学研究表明，对气候敏感性的预测存在很大的不确定性。IPCC 第四次报告的研究发现，平衡态气候敏感度的估算范围在 2℃ ~ 4.5℃ 之间的可能性为 66%，低于 1.5℃ 的可能性小于 10%，高于 4.5℃ 的可能性为 5% ~ 17%。气候变化影响着农业生产，也影响着人类经济行为。经济学通过研究人的经济行为来分析社会经济现象，又将人的行为过程描述为决策过程。在确定条件下的理性决策原则是经济学中的完美假设，然而在现实生活中，人们的决策往往是在充满风险和不确定性的条件下做出的。

现有经济学体系将人视为内部因素而将自然环境视为外部因素，人与自然环境之间的互动关系被萨维奇（Savage，1954）定义为"人与自然博弈"。气候环境是自然环境的维度之一，应对气候变化是人与自然博弈的内容之一。由于气候变化的状态是随时间序列发生的，人作为决策者往往在事先对这些状态不能观测而只能推测。气候变化给农业生产带来的风险因素就是气候的变化超出农业生产能够自适应的程度。在与气候等自然环境的博弈中，得到确定的结果（或者说消除风险）一直是人类努力实现的目标。

农业领域应对气候变化的目标是在气候变化的不确定性影响中减少风险损失，稳定并提高农业对气候变化的适应和生产能力。应对气候变化的不确定性影响的技术性措施包括调整农业结构和种植制度、选育抗逆性强的农作物新品种、调整及改善农业生产管理手段、增加要素投入水平并改进要素组合方式等。以选育抗逆性强的农作物新品种为例，因应气候变化导致的温度及积温变化，可以通过选择或培育早熟品种或晚熟品种予以应对；因应气候变化导致的降水减少，可以通过选择或培育抗旱品种应对；此外还可以通过培育若干个适宜性不同的品种应对气候变化的情况。

此外，由于人们普遍有夸大获利机会、过低评价风险损失的偏好（亚当·斯密语），生产决策者在这种博弈过程中的应对行动相当于在各种可能发生的事件上押注，为减少这种结果的不确定性或者风险，人们往往会通过建立各种制度与构建各种组织来力图做到这一点，这也是建构政府并制定政策和措施的出发点。

2.1.2 气候变化对农业影响的评估方法

农业是将自然界中的光、热、水作为基本能量和物质来源进行生产的部门，气候变化给全球农业生产系统带来的风险日益增加。农业是对气候变化最敏感的产业，评估和预测气候变化对农业生产的影响是制定气候变化应对策略的依据，也是稳定农业生产、保障粮食安全的需要。关于气候变化对农业生产影响的研究已经成为气候变化研究领域和农业研究领域的关注热点，对气候变化影响农业生产的研究方法的研究也成为气候变化理论研究的重要方面。

国内外关于气候变化对农业生产影响的研究都经历了从简单到复杂、从单个区域和单个部门向多区域和多部门、从直观研究到机理分析再到综合研究的发展过程。早期研究气候变化对农业生产影响的方法以观测实验、问卷调查、查阅资料或对历史数据进行统计或对比分析为主，容易受研究者主观因素和数据资料精度的影响，造成研究结果的失真。随着人们对自然以及社会经济规律的认知程度不断加深，各种研究方法和研究工具不断被开发出来并得到广泛的应用，以模型评估气候变化对农业的影响因其选择性强、评估精度高逐渐受到欢迎。综合国内外文献，气候变化对农业生产影响的研究方法主要有两种，分别是基于自然机理的分析方法和基于经济机理的分析方法。基于自然机理的分析方法主要是作物模型评估方法，基于经济机理的分析方法包括经验统计方法、李嘉图模型、生产函数模型和可计算的一般均衡模型。

1. 基于自然机理的分析方法——作物模型

基于自然机理的分析方法是通过控制实验模拟气候变化及作物生长过程测算农作物产量对一定气候条件和其他变量的反应的研究方法。基于自然机理的分析方法的典型代表是作物生长模拟模型。

作物生长模拟模型简称作物模型或作物机理模型，是以作物生长理论为基础，通过搭建模型动态模拟气候变化情景下的作物生长环境和生长过程，并以调节灌溉、施肥等因素控制生产过程，对特定条件下作物产量进行预测的研究模型，又被称为作物生长的动力学模型，是一种解释性模型。

采用作物模型进行气候变化对作物生长的影响评估通常在田间或实验室进行，通过调节气候因素或 CO_2 浓度研究农作物生长过程及其最终产量所受的影响。通过人为控制实验的输入变量，可以排除其他变量和因素的干扰，更容易确定输入变量的直接影响。

运用作物模型进行模拟研究主要可以获取大量的有效数据，用来检验假设或评价因果关系，发现不同要素设定影响产量的原因，是一种重要的研究方法。作物生长模型产生于 20 世纪 60 年代，经过不断研究、改进和发展，作物机理模型也由初始时仅描述作物自身生理过程到更多地考虑外在环境因子的胁迫作用，其应用也在不断拓展。目前世界上已经建立了几十种相关模型，比较有代表性的包括美国 DSSAT（以 CERES 为代表）系列模型、澳大利亚 APSIM 模型、荷兰的 Wageningen 系列模型以及俄罗斯作物生长模型等几个类型，而在中国有影响且得到应用的主要是 CCSODS（以 RCSODS 为典型）系列模型。由于在作物品种培育、干旱评价以及产量评估等方面的效果，作物机理模型得到更加广泛的应用，其中 CERES 模型应用最广。在中国，高素华等（1996）运用 CERES 小麦模型同时综合田间试验、人工气候室试验、历史资料等分析了气温升高对小麦发育、产量结构及经济产量的影响。林而达等（1997）运用作物机理模型模拟分析了作物生长发育过程与气候变化的动态关系，对受气候变化冲击下的农作物产量做出了估计。

作物模型的优势在于基于作物的生长机理，以控制性试验或模拟研究气候变化对作物生长的影响。其缺点在于：第一，由于需要对作物生长过程和环境进行模拟和研究，涉及农学、遗传学、生理学、生态学、气象学、土壤肥料学等多种学科的知识理论，增加了模型运用的困难，导致采用作物模型进行的研究仅局限于玉米、小麦、水稻等少数作物；第二，由于作物发育生长过程具有动态复杂性，需要对大量参数进行假定，容易导致模型研究结果受参数设定偏差的影响；第三，传统的作物模型没有考虑农民对气候变化的适应行为，从而可能夸大气候变化对农业的负面影响。随着长期田间试验的进行和经验的积累，人们对农作物生长机理的认识也更加深入，这类方法逐渐成熟。

2. 基于经济机理的分析方法

自然科学家习惯于通过实验的方式研究微观层面气候因素变化对作物

生长和产量形成的影响，经济学家则擅长从宏观层面观察气候变化历史与作物产量之间的关联性。

（1）经验统计模型。

气候变化对农业生产影响的经验统计方法是从气象学的角度出发，通过确定合理指标建立气候因素与作物产量或其生长发育之间关系的回归模型或描述性模型。经验统计模型不关注气候变化影响农业生产的机理，而是基于历史气候资料判断气候变化的概率分布，采用统计学的回归分析、相关分析等方法建立气候变化与作物产量之间的函数关系，在此基础上计算气候变化对农业生产的影响。

经验统计模型根据纳入研究的因素数量和类型的不同，分为一元回归模型和多元回归模型。运用一元回归模型可以模拟单一气候因素的变化与农业生产之间的关系，进而估计出这一气候因素对农业生产的影响。但是由于农业生产具有周期性的特点，与产量相关的气候因素往往存在多个，研究气候变化对产量的影响需要建立多元回归模型进行分析。同时为提高模型模拟效果，需要选择与生产过程密切相关的气候因子。很多学者应用经验统计模型开展了研究。王石立（1991）、王馥棠等（1993）较早运用经验统计模型分析了气候变化对我国黄淮海地区小麦产量的可能影响。上述研究基于气候变化概率与农业生产过程之间的分析，研究通常都假设气候不存在趋势性变化，忽略了作物产量对技术进步和气候变化的敏感性。

由于运用经验统计模型包含对技术进步因素的稳定假设，即认为相邻年份之间技术进步相对稳定且变化不大，因而可以将时间参数作为自变量，去模拟技术进步等相对稳定的非自然因素对产量的影响，是一种时间趋势产量或技术趋势产量。研究气候变化对农作物产量的影响需要消除趋势产量的影响，很多学者将一阶差分法引入气候变化对农业生产影响的研究中（Nicholls，1998；Lobell，2003；Tao et al.，2012）。为了验证澳大利亚小麦产量的提高是基于气候要素的趋势性变化，尼科尔斯（Nicholls，1998）将一阶差分法引入气候变化对农业生产影响的研究中。通过取各变量的一阶差分值，建立小麦产量与气候因素一阶差分值之间的多元回归模型。研究结果表明，气候变化所造成的产量变化，占总产量变化的 30% ~ 50%，其中最低气温升高的贡献最大。尽管有学者质疑尼科尔斯的模型中没有涉及非气候要素，可能会扩大气候要素的效应，而且对于技术进步以及 CO_2 累积效应等长期趋势性变化因素的去趋势效果不好，但是一阶差分法由于其操作简单易行而受到广泛的应用。洛贝尔等（Lobell et al.，2003）应用这一方法探讨了气候变化对美国玉米和小麦产量的影响，结果表明气候变化与两种作物的产量变化具有显著的相关性。国内学者陶等（Tao et al.，2012）也运用此方法进行了相关研究，取得了较好的效果。

此外，考夫曼等（Kaufmann et al.，1997）通过引入天气、技术、经营规模以及环境等因子，利用多元回归和相关分析构建了气候—社会经济模型。在对内蒙古农作物产量与气候影响因子的研究中，尤莉等（2010）应用灰色关联分析方法计算了农作物生长季的 22 个气候因子与粮食产量和单产之间的关联系数，从中找出高关联度因子，并采用实际产量减去趋势产量，去掉农业技术进步对产量的影响，用气候波动产量建立与高关联度气候因子的多元回归模型，定量评估生长季气候条件对作物产量的影响。从研究结果看，造成不同作物产量波动的主要影响要素不同，其影响的效应也有区别，气候变暖对内蒙古地区的粮食增产有利，而极端气候事件的增多对增产不利。

由于采用经验统计模型的方法研究通常不涉及经济与社会因素，因而方法本身及其适用性存在一定的局限性。

（2）李嘉图模型。

以"帕累托潜在改善"为理论基础的成本—效益法（CBA）认为如果政策或项目在整体上增加的效益能够补偿其总的成本或损失，则该政策或项目的实施在经济上是有效益的。李嘉图模型就是基于成本—效益分析的原理，将气候变化对农业的损失转变为土地收益损失的研究方法。

李嘉图模型分析方法是使用农业效益即以农业价值或农业纯收益来分析气候变化对农业的影响的经济学度量方法。该模型通常利用国家宏观统计数据或调查数据建立农业生产能力与气候因素之间的关系，分析气候变暖对农业最终产出的影响。国外很多学者利用李嘉图模型分析方法研究气候变化对农业的影响。门德尔松等（Mendelsohn et al., 1994）是李嘉图模型的创立者，其以区分气候变化造成的经济收益和成本为基础，运用李嘉图模型的方法对气候变化效应进行了估计。在运用李嘉图模型分析比较了气候变化对加拿大和美国农业的影响后，门德尔松等（Mendelsohn et al., 2007）发现加拿大农业对较高的气温不敏感，降水增加会带来更多的收益，美国的情况正好与之相反。卡布伯—马里亚拉等（Kabubo – Mariara et al., 2007）对肯尼亚农业进行研究后认为，气候变化对农业生产率有影响，温度、降水与作物收益存在非线性关系。冬季升温会增加作物净收益，夏季升温则减少作物净收益，降水增多则会使作物净收益增加。李嘉图模型最大的优势在于可以通过观测数据横截面上的变动，识别包含农民适应行为在内的气候变化对农业的影响。许多学者也分别利用李嘉图模型研究了气候变化对土地价值、农业产量、农业纯收入、农民适应行动等的影响。库鲁库拉苏里亚等（Kurukulasuriya et al., 2006）以李嘉图模型和多元 Logit 模型为方法研究气候变化对非洲的影响，农民会根据气温变化和降水增减情况选择作物品种，以此对气候变化做出适应，因此政府应该提供更多的作物品种以适应气候变化的影响。

在国内，刘等（Liu et al., 2004）使用李嘉图模型研究了气候变化对中国农业的经济影响，通过对1275个农业主产县的县级横截面数据进行分析，结果表明，气温上升和降水增多会对中国农业产生积极影响，但影响结果因地区和季节不同而有所变化。在大多数情景下，中国都将受益于气候变化。但王等（Wang et al., 2008）使用李嘉图模型分析温度及降水对农作物净收入的影响，发现气候变暖对灌区农业生产有利而对旱田农业生产不利，降水增加对旱区有利而对潮湿地区不利，不同地区的影响也不同。杜文献（2011）也基于李嘉图模型视角对整个区域农业生态系统的效益进行了度量。综合国内外研究的结果，利用李嘉图模型研究得到了相似的结论，即气候变化都会影响农业收入，气温升高有利于灌溉农业而不利于旱作农业，降水增加能带来正面影响，季节性影响呈多样性且可以相互抵消等。

作为分析气候变化对农业影响的有效经济方法，李嘉图模型也有自身的局限性。汪阳洁等（2015）通过对最基本函数的扩展，分析了李嘉图模型的缺陷及其改进的研究进展。从研究的结论和应用效果看，由于没有考虑价格随时间的相对变化，不能完全控制影响农业收入的其他变量如土壤特征等的影响效应，造成评估结果不能动态调整，以及气候变化适应行为无成本的假设，这些缺陷都使利用李嘉图模型进行研究的最终结果发生偏差。此外，克莱因（Cline，1996）和达尔文（Darwin，1999）都认为，灌溉也应该被纳入李嘉图模型分析之中。王等（Wang et al.，2009）对中国的研究表明，旱作农场的气候敏感度确实远高于灌溉农场，这个结论验证了施兰克（Schlenker，2006）对美国研究的结论，即灌溉不会导致李嘉图整体分析结果的偏差。有学者对李嘉图模型的不足提出改进方法，施兰克等（Schlenker et al.，2009）运用简化式的计量经济模型估计了气候变化对不同作物单产的影响。由于单产能够直接反映当年作物的生长结果，该简化式的计量经济模型更加适合直接分析气候变化对农业的影响，但该简化式模型方法没有考虑农民对气候变化的适应行为，因此同样可能高估气候变化对农业的负面影响。

对李嘉图模型的改进方向集中于几个方面，分别是：提高研究问题的逻辑深度，多探讨深层次问题，避免研究表面化；由于技术可能是发达国家农业适应能力较强的原因，因而在研究发展中国家农业的气候适应问题时需要考虑技术进步在减缓气候变化影响中的作用；关注劳动力成本因素和价格不完全的问题；关注农民或农户微观主体适应气候变化的研究及其与政府层面宏观应对的协同问题等。

（3）生产函数模型。

无论是作物生长模拟模型还是农业生态地带模型，都没有考虑经济因素和人力资本的限制，而这是农业生产中必须考虑的重要因素。不研究社会经济因素的影响，也就无法分析农户基于经济利益角度在种植结构、生产投入和经营结构等方面对气候变化的真实反应，影响气候变化评估的准确性。在现有经济学的生产函数模型中引入气候因子建立经济计量模型模拟气候变化对作物产量的影响被认为是当前最科学和具有前景的方法之一。

生产函数是在假定技术水平不变的情况下，一定时期内生产中所使用的各种生产要素的数量与所能生产的最大产量之间的关系。气候变化对农业生产的影响是多方面的，但最终都会体现在农作物的产量上。许多学者基于不同的生产函数改进，引入天气因素研究气候变化对产量的影响。郝金良等（1998）以受灾面积和成灾面积替代天气因素，以农产品收购价格、农业生产资料价格和财政支农支出以及上一年粮食产量作为投资因素，构建了包含天气因素、投资因素和劳动力因素的粮食生产函数，评估气候变化对粮食生产的影响。崔静等（2011）将气候因素以中性的方式引入生产函数模型来研究气候变化对农作物产量的影响，即通过假定气温、降水和光照等气候因素不改变投入要素的价格，检验其对粮食作物产量的影响程度。

引入气候变量重构生产函数模型的方法以经济—气候模型最为典型。柯布—道格拉斯生产函数（简称"C‑D 生产函数"）是经济研究中运用较为成熟的研究模型。与其他函数形式相比，C‑D 生产函数更适合描述粮食投入产出的过程，并对此进行经济分析。丑洁明等（2004，2006）以C‑D 生产函数为基础，通过添加天气因子（最早是干旱指数），构建了一个包含土地、劳动力、资金投入和气候变化因子的新的经济—气候模型（简称"C‑D‑C 模型"），并将其应用到农作物的产量评估中。应用C‑D‑C 模型对 1980～2000 年中国 8 个农业区域的不同粮食作物资料和粮食总量资料以及 160 个站点的气象资料进行的历史回报检验表明，除西北地区外，全国其余 7 个地区的粮食总产量其实际资料估算值和模型预测估计值均很准确，误差范围均为 1%～2%。丑洁明等（2011）还在原来提出的"气候变化产量"的基础上进一步提出了"气候变化影响量"的概念。鉴于模型存在的不确定性和资料的不完整所限，实际资料估算值和模型预测估计值在不同区域有些差异，但研究仍表明 C‑D‑C 模型方法具有一定合理性、可靠性和较好的运用效果。符琳等（2011）通过构建综合气候因子替代单个气候因子对这一模型进行了改进，使其研究结论更加合理真实。随着研究要素日益复杂化和研究方法的精准化，以及基于 C – D – C 模型的气候变化经济影响预测理论的发展，C – D – C 模型的应用范围不断扩大。

（4）可计算一般均衡模型。

可计算一般均衡模型（CGE）源于瓦尔拉斯的一般均衡理论，其基本思想是生产者和消费者分别依据其自身的最优决策模型确定最优的供给和需求，并得到均衡价格，此时供给量与需求量相等，资源得到最合理的使用，消费者得到最大的满足，经济达到稳定的均衡状态。在气候变化领域，CGE 模型是以投入产出模型为基础，综合考虑气候变化、经济系统、能源系统以及相互之间的关系，通过对传统的一般均衡模型结构的调整，开展气候变化的环境政策模拟以及环境经济影响的综合评估等定量研究的一种方法。

农业是涉及多个经济部门的生产系统，研究气候变化对农业生产的影响需要研究涉及农业生产的宏观经济系统及微观主体之间的相互作用，CGE 模型是迄今为止唯一能够反映经济系统的宏观调整与微观主体间复杂关系的模型。CGE 模型具有一个完整的研究框架，模型分别用三组方程描述供给、需求以及市场供求关系，方程中的所有因素都是变量，这些变量通过一系列优化条件来求解，得到在各个市场都达到均衡时的一组数量与价格。

采用 CGE 模型分析气候变化对农业产量影响的一般思路是首先建立一个包含没有气候变化的基准情景；其次要识别两种气候情景下气候要素的变化及其对产量的影响；最后将气候变化对作物产量的影响结果传导到一般均衡模型中，进而模拟出气候变化影响的结果。当前，利用 CGE 模型评估气候变化对农业的影响主要有两种方式：一是通过引入气候变化的要素（气温、降水等）并嵌入 CGE 模型框架中，模拟气候变化对社会经济的影响，进行研究。达尔文（Darwin，1995）以 CGE 模型为基础结合 GIS 组成的模型，按照生长期的长短和土地分类，评估气候变化对全球农业的影响。研究结果表明，气候变化的影响存在区域差异，中纬度地区会受益而低纬度会遭受损失，但总体上不会威胁全球粮食生产。翟凡等（2009）以 CGE 模型框架为基础，应用世界银行的 LINKAGE 模型，结合一般均衡模型，分析了气候变化与中国农业之间的关系，研究表明，气候变化对中国农业的影响低于世界平均水平。二是以 CGE 模型与其他研究模型相结合或采用多个模型综合嵌套的方式建立综合评估模型。李喜明等（2014）、黄德林等（2016）使用可计算一般均衡模型，将考虑 CO_2 肥效作用的气候变化影响的玉米单产变化作为政策模拟方案，通过构建的基期来模拟对中国玉米生产和消费的影响。研究结果表明，无论是在 IPPC 排放情景特别报告（SRES）的 A2 情景还是 B2 情景，都导致玉米供给增加且增加的供给量大于需求。

总体来看，当前应用 CGE 模型研究气候变化问题关注最多的仍然是经济成本、延缓政策措施的选择以及不同政策措施对气候和社会经济结构的影响等，而对于微观层面的农业生产关注不多。

3. 气候变化影响模型的气候因子

当前常见的研究气候变化对农业生产影响的模型主要有作物模型和基于经济学原理的经济模型，不同的模型有不同的适应领域和研究目的，因而应用不同的模型进行研究所采用的研究因子也不同，对因子精度的要求也存在差异。

（1）作物模型的气候因子。

作物模型是应用系统分析的原理和方法，通过实验室模拟、田间观测实验以及计算机数值模拟和预测等方法，将作物、环境和栽培技术作为一个整体系统进行研究，对气温、光照、降水等作物生长必备的气候因子的变化及其对作物的生长发育和产量形成等生理过程的影响进行量化分析，最终将气候环境和技术之间的关系概括成产量形成理论。模型在模拟过程中为了提高模拟效果，需要提高试验控制精度，因而对气候变量的数量和精度提出了更高的要求。包刚等（2012）利用作物模型结合 GCM 模型进行了研究，充分考虑了干旱胁迫、水分利用、养分吸收、辐射利用率和田间管理等多种因素，选取增温（如 1℃～4℃）、降水（0%、±10%、±20%、-40%等）和 CO_2 浓度倍增等气候因子模拟气候变化对农业生产的影响。

随着模型的不断改进、优化以及与其他模型的嵌套应用，一些诸如天气变量、土壤变量、作物参数、管理参数等因素被添加进来，模型变得更加复杂。有学者在使用 EPIC、CERES 系列模型、WOFOST 等模型对气候变化进行影响评价时不仅考虑了温度、降水、光照、CO_2 浓度等变化，还引入了气候变率、灾害性天气和蒸腾作用等多项环境因子，用以模拟水稻、小麦、玉米等多种作物在未来气候变化背景下的产量波动。有研究还注意到除了温度、降水、光照之外，湿度对作物产量的影响也很大。作物模型是以实验为手段进行生长过程的模拟，因而可以不断添加、试验各种因子对作物生长过程和产量的影响。以作物模型开展实验研究是微观尺度的精细化研究，研究因子需要较高的精度。

（2）经济模型的气候因子。

经济学者进行气候变化对农业生产影响的研究擅长于应用历史气候变化数据进行分析和研究。相关研究多以年平均温度、年平均降水等作为气候变化要素，很少应用更高精度的气候变化数据，这一方面是由于较长时间尺度的研究缺乏有效的精确数据，另一方面是由于高精度的气候变化数据如某一时点的温度、降水等实际作用有限，因为在 3 个月甚至半年以上的作物生长过程中，不可控因素太多。李美娟（2014）采用年平均气温和年总降水量作为气候因子，运用 C－D－C 模型研究了气候变化对我国粮食单产的影响，研究结果表明，气温升高和降水的波动性变化对粮食单产有负面影响。气温和降水的影响具有区域差异性。气温升高对东北、西北、华东、华南和西南地区的粮食生产有利，而对华北和华中地区的粮食单产有负面影响。降水量增加对华北、东北、西北、西南地区粮食单产有利，而对华中、华东和华南地区则有负面影响。

（3）其他模型的气候因子。

本书以经验统计模型为基础，借鉴考夫曼等（Kaufmann et al.，1997）
多元回归和相关分析，构建了气候—社会经济模型，通过引入天气、技
术、经营规模以及环境等因子，计算气候变化对农业的影响。尤莉等
（2010）运用灰色关联分析计算了农作物生长季的 22 个气候因子与粮食产
量和单产之间的关联系数，并从中找出了高关联度因子，如表 2 - 1 所示。
综上所述，运用经验统计模型所采纳的气候因子更多且更复杂。

表 2 - 1　　　　　　主要研究模型类别选取气候因子对比

模型类别	气候因子类别	数据类型	研究尺度	备注
作物机理模型	逐日资料、气温升高、碳排放、平均温度、CO_2 施肥效应	截面数据	微观尺度	雨养、灌溉存在差异
经验模型多元回归	温度变化、最低温度、降水、辐射变化、CO_2 施肥效应	截面数据面板数据	宏微观尺度	与产量相关的关键时段的多个气象因子
李嘉图模型	平均温度、平均降水	截面数据	中宏观尺度	不考虑灌溉
一般均衡模型	平均温度、平均降水	面板数据	宏观尺度	综合考虑气候、经济、能源
其他经济模型	平均温度、平均降水	截面数据面板数据		考虑社会经济因素

综合来看，经验模型和作物机理模型以模拟气候变化和作物生长的过
程分析气候变化对生长过程和产量的影响，因而所采用的气候变量较多且
对气候变化数据的精确程度要求较高。而李嘉图模型、一般均衡模型以及
其他经济模型，由于考虑社会经济因素的影响，多选用较长尺度的数据，
整个模型更加复杂，对于气候变化因子的选取相对单一。

2.2　气候变化对农业影响的研究方法的改进

从已有研究来看，气候变化对农业生产的影响的研究方法可以归纳为

基于自然机理的模拟模型和基于经济机理的研究模型两大类。气候变化对农业生产影响的评估方法很多,不同的模型适用于不同的研究目的。但是由于农业生产是一个复杂的过程,选择不同的模型、数据以及何种变量进入模型都会对估计结果产生较大影响。总结各类经济学模型设定和研究结论,是否考虑农民的适应行为以及适应期的时间长短是争议的焦点,研究气候变化对农业影响的计量工具从单一模型通过纳入新因素实现拓展以及多模型框架的嵌套综合成为发展趋势。但是,由于各类研究方法及模型都具有自身的结构特点,与其他模型的嵌套及拓展受到限制。

2.2.1 基于作物模型的改进

作物模型在刻画作物生长机理和过程方面非常成熟,但在诸如 CO_2 增肥效应方面仍存在不确定性,容易导致研究出现差异甚至截然相反的结果。随着社会需求的不断增多,作物模型也在不断进行改进和优化,除了根据研究需要在模型中增加天气变量、土壤变量、作物参数、管理参数外,也开始与其他科学模型嵌套应用,使其应用更加多元化。

1. 基于作物模型的拓展——作物模型 +

作物模型的发展经过 20 世纪六七十年代的模型研制、80 年代的模型应用再到 90 年代以后的模型优化,模型不断升级,应用范围也在扩大,已经成为土地资源评价、农作物生产管理决策以及评价农业生产对环境影响的一个重要的技术工具。

以作物模型 + 与大气环流模型(GCMs)或区域气候模型相耦合来评估气候变化对作物的影响逐渐发展为评价气候变化对作物影响的基本方法。戴晓苏(1994,1997)利用气候平衡模式的结果,分析了 CO_2 倍增对小麦生产地理分布的潜在影响。江敏等(1998)利用 GISS GCM 运行的结果及 CERES 小麦模型评估了未来不同时段气候变化对我国冬小麦生育期和产量的阶段性影响。许多学者选取区域气候模型提供的气候变化情景结合 CERES 模型预测气候变化对农作物产量的影响(金之庆,1996;张宇等,

2000；Albersen et al., 2002；Fisher et al., 2012）。其中阿尔伯森等（Albersen et al., 2002）和费希尔等（Fisher et al., 2012）分别选取区域气候模型提供的气候变化情景采用 CERES 模型预测气候变化对农作物产量的影响。阿尔伯森的研究结果显示，在不考虑 CO_2 施肥效应的情况下，气候变化对于大多数地区的玉米产量的影响为负效应，若考虑 CO_2 施肥效应则气候变化对雨养玉米的效应为正，而对灌溉玉米的效应为负；费希尔等的研究结果显示，不考虑 CO_2 施肥效应则气候变化对水稻的效应为负，而考虑 CO_2 施肥效应则气候变化对水稻的效应为正。此外，刘建栋等（1997）利用 ARID CROP 模型模拟了 CO_2 倍增时黄淮海地区冬小麦气候生产力的变化。陶等（Tao et al., 2012）等运用模型评估了不同碳排放情境下水稻生产和用水量随气温变化的情况，结果表明，全球气温变化及其对水稻生产和用水的影响存在差异，即便考虑 CO_2 施肥效应，水稻产量也会因气温上升而减少。运用作物模型 + 得出的一般结论是随着气温的升高以及降水的减少，粮食产量将随之减少。

作物模型 + 与遥感及地理信息系统（GIS）的结合是评价气候变化对作物影响的另一种模式，两者的结合使作物模型研究结果的精度得到改进。遥感技术的应用使以大量数据定量描述植物群体的实际生长状况成为可能，模型中一些较难获得的参数或变量也可以被替代，生长模拟过程的调整或修正变得相对容易。拉尔等（Lal et al., 1993）将作物模型 + 与 GIS 技术结合，从提高生产力的角度提出选育良种和播种灌溉等优化生产的措施，扩大了作物模型 + 的应用范围。与土壤侵蚀预报模型的嵌套应用是作物模型应用拓展的又一体现。进行流域土壤流失量预测或评价由于土地退化造成的土地生产力下降状况时，需要定量计算地表作物覆盖情况和作物的生产力，因此作物模型 + 便成为土壤侵蚀预报模型的重要组成部分。

但是，由于气候变化与农作物的生长过程十分复杂，存在很多不确定性，对作物生长环境的模拟需要大量的参数假定，模型的估计结果容易受参数设定偏差的影响，当前作物模型 + 与其他模型的嵌套及拓展研究也多以气候变化、土地生产力自然因素为主，没有考虑经济社会因素的影响，而且难以刻画人类对气候变化的适应行为（如选育新品种、增加灌溉等）。因此，用作物模型对气候变化适应做出的评估是不全面的，有可能会高估气候变化的负面影响，使这种方法的应用受到很大的局限。

2. 与土地管理决策的结合——农业生态地带分析

农业生态地带模型是将土地管理决策与作物模型相结合，通过农业生态区域的划分，跟踪记录作物区域分布随气候因素变化的研究方法，是研究气候变化对农业影响的另一个视角。农业生态地带模型构建了一个包含天气、土壤以及地形条件等变量特征的研究框架，运用农业生态地带模型结合 GIS 技术可以计算出详尽的作物生产潜力评价结果，直接评估气候变化对土地生产潜力的影响，因而得到广泛的应用，成为当前应用最广泛的评估农田生产力的模型之一。达尔文等（Darwin et al.，1995）[①] 采用农业生态地带的分析方法，结合 GIS 建立模型评估气候变化对农业系统的影响，发现全球不同区域因气候变化影响的得失不同。阿尔伯森等（Albersen et al.，2000）与吴等（Wu et al.，2006）也应用这一方法对中国华北地区的农业生产进行了评估，两者研究的结果均表明华北地区的农业发展受水分条件的限制，供水条件改善会增加农作物产量。

农业生态地带模型将土地按生态区域进行划分，可以明确某种农作物在不同程度的投入和管理条件下所受的环境限制，测算出在给定单位土地上农作物的最大可收获量。但是由于生态区划分尺度的原因，各生态区的气候条件存在较大的差异，生态区内作物生长期长短受气温、降水量、土壤特点和地形的多重因素影响各有不同。在实际研究中，模型所预期的潜在可收获量往往比目前的实际产量要高得多，所以该模型也许夸大了自发适应的效应。

农业生态地带模型和作物模型两者都是自然科学家使用的研究工具。

---

① Darwin, R., M. Tsigas, J. Lewabdrowski, and A. Raneses. World Agriculture and Climate Change [R]. Agricultural Economic Report No. 703, US Department of Agriculture, Economic Research Service, Washington, DC. 1995.

以自然机理为基础的研究方法注重对作物生长和气候变化因素之间关系的研究，由于天气、作物生长等自然因素的变化和演进过程具有复杂和动态性特征，造成参数控制与假定、模型动态性和评估结果偏差等问题，然而由于没有考虑经济以及人力资本限制等农业生产中不可或缺的重要因素，也就无法分析农户基于经济利益所做出的对气候变化的真实反应，影响了气候变化评估的准确性和有效性，因而从经济学角度探讨气候变化的经济影响问题十分必要。

2.2.2　基于经济机理的研究模型的改进

自然科学家采用控制性实验或模拟方法研究气候变化对农业的影响，经济学家则利用计量经济模型结合历史统计观察数据对气候变化对农业产出的经济影响做出估计。经验统计模型研究气候因素与作物生长发育或其产量之间的关系，基于历史气候资料建立气候变化与作物产量之间的函数关系，以此计算气候变化的影响。经验统计模型假设气候不存在趋势性变化，忽略了产量对技术进步和气候变化的敏感性，而且由于研究通常不涉及经济与社会因素，该方法及其适用性存在一定的局限性。

用计量经济学方法研究气候变化对农业的影响的方法比较成体系的包括李嘉图模型、经济—气候模型和 CGE 模型等。相对于作物模型和农业生态地带模型，这类计量经济模型能够将生产者的行为纳入分析框架，其优点在于能够控制农户适应性行为和其他要素变化对农业生产的影响，可以更可靠地估计气候变化对农业的影响。

1. 李嘉图模型的改进

由门德尔松等（Mendelsohn et al.，1994）所开创的李嘉图模型是当前最具代表性的经济计量模型，国内外分析气候变化对农业影响的研究中也大多数采用该模型。李嘉图模型的最大优势在于考虑了农民适应气候变化行为的作用以及与农业生产效益相关的其他重要的经济因子，使用李嘉图模型对农业生产的影响进行分析，不仅可以度量整个区域农业生态系统的效益，而且可以经验性地估算农业对长期气候变化的敏感性。有学者对李嘉图模型的方法本身及其应用存在质疑：第一个质疑是基于横截面数据的李嘉图模型无法有效控制土壤特征等众多不可观测效应，使模型存在潜在的遗漏变量问题（Deschênes et al.，2007）。对该模型的改进是关注跨时间天气变异，可以利用面板数据的固定效应回归对李嘉图模型进行估计。第二个质疑是由于被解释变量是土地的总收益或土地价值，没有考虑价格因素，模型的估计结果无法分析气候变化对农作物产量的影响，限制了该模型的应用范围。针对李嘉图模型的不足，施兰克等（Schlenker et al.，2009）运用简化式的计量经济模型估计了气候变化对不同作物单产的影响，从结果看更适合直接分析气候变化对农业的影响。简化式的模型方法的缺点是没有考虑农民对气候变化的适应行为，可能会高估气候变化的负面影响。此外，现有采用李嘉图式模型进行的研究在总体上仍存在不足之处：一是现有研究大多数以罗列现象为主，较少探讨深层次问题，缺乏逻辑深度；二是对技术进步减缓气候变化的作用估计不足。

2. 传统生产函数及投入产出模型的改进

将气候变量引入传统生产函数对气候变化影响进行估计是研究气候变化问题的另一思路。生产函数是在假定技术水平不变的情况下，一定时期内生产中所使用的各种生产要素的数量与所能生产的最大产量之间的关系。气候变化对农业生产的影响是多方面的，但最终都会体现在农作物的产量上。许多学者基于不同的生产函数的改进分析，引入天气因素研究气候变化对产量的影响，包括考夫曼等（Kaufmann et al.，1997）构建的气候—社会经济模型，郝金良等（1998）、崔静等（2011）分别构建的粮食生产函数等。丑洁明等（2004，2006）引入气候变量构建的经济—气候模型即 C - D - C 模型是最为典型的生产函数重构模型。从实际应用和检验的结果看，模型估计结果的误差较低。由于模型存在不确定性、资料不完整以及缺乏对农民适应的考虑，模型估计结果仍面临潜在估计偏差。

基于 C - D 生产函数建立的 C - D - C 模型以气候因子、经济社会影响因子和主要粮食作物产量为研究对象，通过分离关键气候变化要素，识别作物生长的关键生育阶段，分析气候变化对粮食生产的影响，是基本经济函数通过纳入新的影响因子和变量拓展应用的最好体现。经过改进的 C－D－C 模型已经可以分析各类影响农业生产的经济社会因素，如种植面积、劳动力投入、灌溉、机械、化肥等投入要素，以及地理位置、土地质量、技术进步、制度变迁等因素，还可以考虑气候因子（如气温、降水）以及各种适应气候变化的行为（如灌溉、更换品种等）对作物产量的影响。汪阳洁等（2015）以基本的生产函数和研究模型不断扩展的形式，探讨了不同计量经济模型（如李嘉图模型等）存在的优点和不足，指出了导致相关研究结果存在较大差异的原因及改进建议，为我们改进模型或建立新的模型提供了思路。

从气候变化对农业生产的影响及其研究方法看，纳入农民适应行为的综合计量经济模型和实证调查研究有助于增强对气候变化影响预测结果的信心，对农民适应行为的分析和识别也有助于政策的制定和实施。探讨和寻找能够克服现有模型缺陷和不足的模型方法以及加强对气候变化适应主体行为的实证研究非常必要。侯麟科等（2015）在传统投入产出方法的基础上，引入多投入多产出生产函数，对传统模型的缺陷和不足做出了一定的改进。模型的特点如下：一是能够同时考察多种农作物的产出变化，因而可以考察农民通过调整作物结构等对气候变化的适应行为，避免了传统的多投入单产出模型（如生产函数）只能考察气候变化对单一农作作物生产的影响的不足；二是能够直接估计气候变化对农作物产量的影响，避免了李嘉图模型只能评估气候变化对土地价值或农业总收益的不足；三是从实际应用看，可以在一定程度上克服数据的限制，即现有农户数据或者县级数据无法将农民的生产性投入从不同作物中分离出来，从而无法用传统的多投入单产出生产函数估计气候变化影响的缺陷。

3. 可计算一般均衡模型的改进

可计算一般均衡模型（CGE）源于一般均衡理论，原理是生产者和消费者分别依据自身条件做出最优决策，得到均衡价格，此时资源合理利用、经济达到稳定均衡。CGE模型建立在投入产出模型的基础之上，分别用三组方程描述供给、需求以及市场供求关系，是一个完整的研究框架。通过一系列优化条件求解可以得到使各个市场都达到均衡的一组解。采用CGE模型分析气候变化对农业影响的思路是识别和比较没有气候变化的基准情景与存在气候变化情景下产量变化情况，最后将气候变化对产量影响的结果传导到一般均衡模型中，模拟出气候变化的影响结果。利用CGE模型评估气候变化对农业的影响通常采用在CGE模型框架中引入气候变化要素和CGE模型与其他研究模型结合或多个模型综合嵌套的方式。CGE模型与决策系统的结合对政策制定发挥了重要的作用，也使CGE模型成为迄今唯一可以反映宏观经济调整与微观主体间复杂关系的模型。当前国内应用CGE模型研究气候变化问题关注最多的是仍然经济成本、延缓政策措施的选择以及不同政策措施对气候和社会经济结构的影响等宏观层面的问题，对于微观层面的农业生产关注不多。

此外，以CGE模型为代表的经济模型具有结构化的特征，基于该模型的研究偏重于宏观经济研究和对涉及气候变化影响的农业部门及其与其他部门的经济联系的分析，受限于模型设定和参数选择，研究的结果差异较大。由于对微观层面农户的决策行为研究较少，缺乏相应的微观层面的实证支持，这反过来制约了对气候变化影响的宏观模拟分析。

随着研究的不断发展，CGE模型逐渐被引入农业政策分析中。CGE模型与政策模拟和决策系统的结合对政策制定发挥了重要的作用。黄季焜等（2003）构建了中国农业政策分析和预测模型（CAPSiM），创新性地将农业政策嵌入CGE模型中，模拟和预测农业政策实施对中国粮食产能和经济发展的影响，研究成果在国内外产生了很大的学术影响力。李志刚（2012）将CGE模型和DSS决策系统进行集成研究，构造了一个基于CGE模型的政策模拟系统平台，通过情景分析方法，对农业补贴政策的影响进行实证分析，发现农业生产补贴的上调主要受益者是农民，该研究结果为国内农业补贴政策的定量研究奠定了基础。

2.3 气候变化的农业耕地碳排放研究

2.3.1 耕地利用碳排放测度

耕地资源的开发利用，带来土地利用类型和土地利用强度的变化，不可避免地产生土地利用碳排放的变化。已有部分学者对耕地利用的碳排放进行了测度，并探讨了不同地区的碳排放效应。

1. 测度区域方面

胡婉玲等（2020）、丁宝根等（2019）、梁青青（2017）在全国尺度上对耕地利用及农业生产的碳排放进行了测度；旷爱萍等（2021），李波、杜建国和刘雪琪（2019），孟军等（2020）分别在广西、湖北、黑龙江等地在省域尺度上对耕地利用过程中的碳排放进行了测算；在市域尺度，白义鑫等（2021）、陈林等（2019）分别以黔中喀斯特地区的贵阳市和四川的宜宾市为研究区域进行了耕地利用的碳排放测算；除此以外，由于研究者关注重点的不同，当前研究针对长江经济带（王若梅等，2019）、省域粮食主产区（吴昊玥等，2021）、洞庭湖区（文高辉等，2021）、"一带一路"倡议中新疆和福建两核心区（张亚飞等，2020）、西北（王剑等，2019）和西南（王兴等，2017）等典型区域在耕地资源利用开发过程中的碳排放效应进行了分析。

2. 测算方法方面

现有研究主要集中于土地利用过程之中的碳排放，对于耕地利用碳排放的研究较少，可以归纳为三个方面（吴昊玥等，2021）：首先是与农业生产相关联，采用生命周期法对农业生产或作物生长整个周期过程中的碳排放进行计算。如周思宇等（2021）从燃料燃烧、役畜管理、土壤管理、农产品投入、秸秆管理五个方面对东北地区耕地利用碳排放进行了核算。

其次是利用碳排放系数核算。如丁宝根等（2019）基于 IPCC 碳排放系数法，将耕地利用碳源分为化肥、农药、农膜、农机、灌溉和翻耕 6 种，应用不同研究所得的碳排放系数计算得到中国 31 个省份耕地资源利用的碳排放总量。最后是应用模型计算。李长生等（2003）利用生物地球化学过程模型（DNDC）对农业生态系统中的碳、氮循环进行计算机模拟，以计算农田温室气体的释放量。张明园等（2012）和邹凤亮等（2018）利用 DNDC 模型分别模拟了华北农田土壤碳储量动态变化和温室气体排放特征及江汉平原稻田的温室气体排放。王树会等（2018）利用验证过程模型（SPACSYS）预测了 2050 年农田土壤温室气体排放及碳氮储量变化。在实际研究中，三种测算方法通常被结合使用。不过，目前国内外耕地碳排放核算难以涵盖各方面的碳排放源，体系尚未完全建立，且各地区之间碳排放机理、影响因素差异较大，不同方法核算的结果也存在差异。

3. 指标体系构建方面

依据农业碳源测算可分为两种思路（何艳秋等，2018）：一是对农业碳源进行全面测算。吴贤荣等（2014）和尚杰等（2015）从 4 个方面将碳源因子分为农用物资、水稻生长发育过程、翻耕土地、动物养殖，后者认为农田土壤也是重要源头，将种植业碳排放分为土壤排放和生产资料排放。闵继胜和胡浩（2012）将农业温室气体排放分为种植业与畜牧业温室气体排放两部分，估算了水稻、小麦、玉米、大豆、蔬菜、其他旱地作物生长过程中的甲烷（CH_4）排放量。田云等（2012）基于农地利用、稻田、牲畜肠道发酵和粪便管理 4 个方面 16 类主要碳源，测算了我国 31 个省份的农业碳排放量；谭秋成（2011）则从农业生产过程和化肥、能源等投入方面计算了我国农业温室气体排放。二是对某一类农业碳源精确测度。例如，部分学者对秸秆还田的碳排放进行了研究：贺京等（2011）就秸秆还田对中国农田土壤 CO_2 排放的影响进行了研究；刘丽华等（2011）利用燃烧炉模拟秸秆燃烧试验确定了 6 种农业残留物燃烧产生的温室气体的排放因子。部分学者对灌溉过程碳排放进行了研究：刘杰云等（2019）

系统总结分析并计算了不同节水灌溉方式下 CO_2 等温室气体排放；杜景新等（2020）从资源耦合的视角对河南省 48 个典型村庄不同作物灌溉过程的碳排放进行了核算；伍芬琳等（2007）关注了翻耕、少耕和免耕等不同耕作方式农田各项投入造成的碳释放。

2.3.2　耕地利用碳排放的影响因素

现有文献中对耕地利用碳排放影响因素的研究可分为两方面。

一是综合考虑社会、经济、科技等要素对耕地利用碳排放的直接影响。吴萌等（2017）通过系统动力学的方法综合考虑了土地、人口、社会、经济、能源 5 个方面，提出经济快速发展显著增加了土地利用碳排放量，调整土地利用结构、产业结构、提高能源利用效率则减少了土地利用碳排放量。柯楠等（2021）运用面板 Tobit 回归模型发现，科技投入水平和农民生活水平对耕地绿色低碳利用水平具有显著正向影响，自然条件、财政支农水平、工业化水平和农业机械化水平对耕地绿色低碳利用水平具有显著负向影响，且不同因素对耕地绿色低碳利用水平的影响方向与程度具有明显的差异特征。

二是将耕地利用与农业生产关联。耕地主要用于农业生产，因此有关二者之间相互作用与反馈机制的研究较多。李波、王春好和张俊飚（2019）通过构建空间杜宾模型得出农业内部结构、科技发展水平对我国省际农业净碳汇效率具有显著的正向溢出效应，而城镇化水平的空间溢出效应显著为负。殷文等（2016）通过田间试验，探讨了不同秸秆还田方式、地膜的一膜两年用及间作对小麦、玉米农田碳排放特征的影响。部分学者通过研究发现，农户环境责任意识会影响耕地碳减排（赵连杰等，2018），农田轮作中覆盖作物可以影响土壤有机碳从而引发碳排放（Jian et al.，2020），也有学者研究了耕地利用碳排放与粮食生产（吴昊玥等，2021）和农业经济增长（李波、杜建国和刘雪琪，2019）的脱钩效应。

综合现有研究，目前国内外对于土地利用碳排放机理的研究已经较为全面，国内学者对于耕地利用碳排放的核算方法较多，不过仍然存在以下不足之处：一是耕地利用碳排放测算标准不一，缺少一套全面的核算体系。多数研究直接使用由化肥、农药、农膜、翻耕、灌溉、农机6个碳源构成的核算清单（丁宝根等，2019），而对于耕地利用涉及的排放过程缺乏全面细致梳理，导致核算内容有局限性。二是研究尺度上缺少具有区域针对性的耕地利用碳排放核算。现有研究多采用一套体系核算全国各省份域的耕地利用碳排放，而我国各省份气候与土壤具有较大差异，主要种植作物不同、粮食种植面积呈现不同的变化趋势（许红等，2020），而不同作物还田对土壤有机碳储量的影响不同（唐海明等，2017）、碳足迹差异显著（黄晓敏等，2016），需要有针对性地改进核算方式。基于以上讨论，本书拟对中国中部粮食主产区的碳排放进行核算，充分考虑区域的种植制度，并在前述研究的基础上构建一套适用性较高的耕地利用碳排放核算方法体系。三是对耕地利用碳排放的影响因素分析缺乏针对性。已有研究多从社会经济、城镇化水平等方面探究耕地利用碳排放的驱动机制，但由于社会状况、经济发展对耕地利用不产生直接影响，需构建一套聚焦到耕地利用本身的影响因素指标体系。

2.4 农业气候变化适应的研究

气候变化影响了全球人类的生存环境和经济发展，成为21世纪人类遭遇的最严峻挑战之一。农业生产是一个自然再生产的过程，同时也是社会再生产的过程。农业生产受社会经济因素和气候因素的共同影响。农业适应气候变化就是以维持农业生产稳定、保证粮食丰产为目的不断调整农业生产投入要素以降低气候变化造成的损失的过程。

2.4.1 气候变化的私人适应与公共适应

从社会发展和生态环境改善的目标看，减缓与适应的结合是应对气候变化挑战的根本措施。古人倡导人与自然的和谐统一，适应成为各个历史时期人类应对气候变化挑战的主要手段，人类的生产技术和社会组织能力及形式也在不断对自然的适应中得到提升。在中国，宋朝时期在变湿的华北地区推广水稻而在变干的长江地区推广稻麦连种是古代人类适应气候变化的重要体现。始于 20 世纪 70 年代的"三北"防护林建设可以被视为应对频发的气候灾害的重大举措，而地方层面和民间自发应对气候变化的措施更是十分普遍。在气候变化成为一定时间尺度内不可逆转的现实的情况下，尽管减缓是降低气候变化影响的根本举措，但减缓举措的复杂性和人类共同面临的发展问题使适应成为应对气候变化影响更为现实的方式。

农业气候变化的适应行为是因应气候变化对农业生产的影响，以降低系统脆弱性、减少不利因素而采取的针对性措施。减少温室气体排放意味着难以跨越的高技术门槛以及可能的高投入成本或降低经济活力所带来的经济损失，各国减缓气候变化的努力遭受到挫折，适应成为各方关注的焦点。

"适应"一词本来是一个生物学术语，原意是指生物的形态结构和生理机能与其赖以生存的一定环境条件相适合的现象。以经济学分析的范畴界定适应的含义是指在自然或人类系统中为尽可能降低损害或尽可能利用收益机会而对实际发生的或预期的刺激或其影响做出调整，以达到投入和产区的边际平衡。适应气候变化就是采取有效措施对实际发生的或预期将要发生的气候变化做出趋利避害的反应。气候是一个全球性公共产品，气候变化具有外部性的特点。各国形成的共识是应对气候变化存在减缓和适应两种策略，减缓气候变化的主要措施就是减少温室气体排放，以降低人类对气候的影响，其本身具有责任共担的性质。相比而言，对气候变化做出适应是受影响主体根据实际发生的事实或预期的刺激信号调节自己的适应行为，具有私人物品的属性。

国内有学者对气候变化的适应进行了相关研究。陈迎（2005）从基本概念出发，分析了气候变化所涉及的主要变量，提出了气候变化的四个发展阶段的概念模型并就其不同特点进行了研究。潘家华等（2010）提出了适应气候变化的分析框架并阐述了其政策含义，将对气候变化的适应区分为增量适应和发展适应。陈敏鹏等（2011）将农业适应气候变化的行为划分为农业管理部门的适应行为和农民的适应行为。许多学者还基于调研数据分析了农户认知和适应行为之间的关系，并对农业适应气候变化的措施进行了相关研究。

农业生产是对各种生产要素进行组合并进行再生产的过程，农民或农户（包含从事农业生产的个人、家庭、农业经济组织以及农业公司等）是生产的主体，农业管理部门（泛指涉及农业生产的各级政府和公共机构）承担着为整个生产过程提供政策、管理以及相应的公共物品的角色，是农业生产服务的主体。根据主体的不同，农业领域适应气候变化可分为私人适应和公共适应，适应气候变化需要农户和政府管理者共同采取措施。

1. 气候变化的私人适应机理

农户基于气候变化对农业生产和自身利益的影响的理性判断而实施的适应气候变化行为，具有私人物品的性质。农户作为市场决策的主体，其适应行为选择是一种市场决策行为。按照"理性"经济人的假设，农户会根据成本收益和价格信号来调节自己的适应行为。这里存在的风险不是来自市场变化引起的风险，而是来自气候变化带来的风险。农户必须对如何化解这种风险做出科学合理的决策并采取有效的行为，以降低因气候变化导致的减产等损失，谋取最大利益或者最大限度降低后续投入成本。

从农业生产的角度看，农户适应气候变化是一个生产决策，包含两个方面的内容：一个是对农业生产的传统投入要素进行重新配置，改变要素投入比例或组合形式，以适应新环境状态下生产对要素需求的改变；另一个是积极采纳可以抵御或适应气候变化的新技术或新的管理方式，以增加新要素投入的方式提高农业适应气候变化的能力。

与工业生产和商业活动不同，农业是受气候影响极大的产业，农户适应气候变化的决策行为是一个非常复杂的问题，既受到农业生产的资源禀赋、自然条件、市场环境以及政策环境等外部多种因素的影响，也受到农户对气候变化的认知及自身可投入要素能力、技术能力、管理能力、自我偏好等因素的影响。

2. 气候变化的公共适应机理

私人适应是指农户个体决策，公共适应是指各级政府及其公共机构包括涉农专业管理、决策、服务部门对气候变化的适应，其目的是满足社会群体对气候变化公共物品的需求。公共适应的主要手段是制定适应气候变化的相关政策并采取适应措施。

公共适应是政府运用公权力创造和提供适应气候变化的公共产品，以信息、资源共享或协调一致的行动，减缓气候变化可能引起的市场波动、降低气候变化对农业生产损害的行动，这种公共政策等手段的经济学基础来自规范的市场经济理论中的"市场失灵"。如前所述，农户私人适应的行为是基于自身对气候变化可能造成损失的评估做出的决策和行为，是以应对气候变化的成本和收益比较来调试行为的依据，这种决策受多种外在和内在因素的影响，存在缺乏效率的风险，这也为政府作用的发挥提供了机会。由于应对气候变化效应的公共品具有巨大的乘数效应，因此应对气候变化是有效率的经济行为。第一是信息不对称，受限于信息传播有效性，许多气候变化适宜技术、适宜措施以及风险信息等不能有效传播到需要者手中，导致适应行为不能取得预期效果；第二是外部性，对气候变化采取适应行为会对周围人员带来积极响应，看似农户的理性选择给其他部门带来了外部性；第三是集体行动的障碍，许多农业基础设施是为集体所共有的，建设和管理这些设施需要相关主体之间的合作。这些都需要政府制定公共政策或帮助建立规则以消除"市场失灵"。

从经济学的角度看，气候变化的公共适应是提供公共产品，以克服"市场失灵"。但是如何界定适应气候变化的公共产品的最优水平是一个难题，充分的信息共享和沟通是一个解决问题的思路。无论是私人适应还是公共适应，都是需要耗费成本的经济决策行为，公共适应也需要考虑适应的成本和收益，收益大于成本才是有效率的适应，而收益最大化是适应的目标。经济学理论中著名的萨缪尔森规则强调公共适应的边际收益的总和应该等于公共投资的边际成本。

3. 气候变化私人适应与公共适应的关系

适应是减轻气候变化负面影响的行为选择，虽然对于政府和农户来说，采用各种可及的技术和手段趋利避害、实现利益最大化是共同追求的目标，但是政府公共适应的特殊性在于强调资源的稀缺性，除经济因素外，还要考虑社会效益，因此需要将不作为的成本及收益考虑进去，因此适应能力的增强也是一种收益，因适应而放弃的资源和机会也是一种成本。这也使政府公共决策更具复杂性。

此外，农户的许多农业生产决策包括气候变化的适应行为都受政府的影响。虽然政府在提供公共产品时可能形成对农户独立决策的干扰，但农户有时也会愿意去做，这就是理想假设下的非经济因素的"理性行为"。对于河南的调查表明，政府可以通过农业开发项目的形式对农户在种子选择、化肥农药投入、灌溉设施建设、农田生态环境改善等方面施加影响，从而形成集体的行动。

对于政府而言，气候变化的成功应对取决于技术进步和良好的制度设计，也取决于政府和农户的信息共享以及基于此的共同认知，当然政府在公共适应过程中也要遵循成本收益方法制定和选择适应性政策和措施。

2.4.2 气候变化的认知与适应行为

对气候变化的认知是采取适应行动的重要因素。研究气候变化认知与适应行为之间的作用机理对于提高农业生产者和管理者气候变化意识、采取科学应对措施具有重要意义，也为政府制定应对气候变化政策和引导气候变化适应具有重要意义。

认识论认为，人们凭借经验方式获得对外界环境变化和刺激的感知，而通过概念的方式对感知进行加工制作并形成认知。感知是建立在经验方式之上由单一触觉的刺激反应和多元触觉的合成判断构成。认知是由概念方式产生的，经过主观意识的抽象、构造、抽取并最终形成意识行为。认知是感知的深化。本书基于农业生产主体理性经济人的假设，聚焦农业生产主体的气候变化认知展开研究。

1. 气候变化认知和适应行为的关系

适应气候变化已经成为一种国际共识，也是减轻其负面影响的主要选择。IPCC 将人类应对气候变化的适应行为定义为人们为了降低自然系统和人类系统对气候变化影响的脆弱性而选择的生活、生产方式等。适应是特定背景下的主观过程，这一过程受人们对外界环境的刺激和接收的信息的影响，也与人们的主观判断能力有关。

许多有意识的行动都需要动机，这种动机虽然不能被直接测量，但是可以通过行动前的态度和具体采取的措施表现出来，认知的过程就是这种动机的一种表现。心理学认为人们一般会在环境刺激下获得信息，然后对信息进行编码和加工处理，最后形成信号输出，而认知就是接收信息并进行加工处理并形成判断的过程。人对外界刺激做出响应的过程要经过观察、认知和行动三个相互关联的阶段，且后一阶段必须以前一阶段为基础。

对气候变化的认知就是在受到外界气候变化刺激后，有意识地收集其中所传送的信息，利用已有的经验、知识以及价值观等去判断、整理并最终形成对气候变化的整体认识。对气候变化的认知是人们采取适应行为的前提条件，适应行为的效果也会通过经验、迁移等形成新的气候变化认知。

2. 农业气候变化的认知和适应行为

（1）农户气候变化认知与适应行为。

认知是采取行动的心理基础，对气候变化认知越强，越倾向于采取适应行为。许多研究表明，经验丰富的农业生产者可以有效认知气候变化。国内外许多学者对此进行了研究。布隆迪齐奥等（Brondizio et al.，2008）发现，虽然需要花费一定的时间，但农民可以从观察气温、降水等生产条件的改变状态获得气候变化的认知。拥有多年生产经验的农户拥有对气候变化认知的"超能力"。安东内拉等（Antonella et al.，2009）将西欧葡萄种植园主对气候变化趋势的认知与该地记录的长期气候数据分析结果进行对比，发现两者之间存在惊人的一致性。周旗等（2009）对我国关中地区的研究发现，农户对温度、降水的认知与当期气象部门实际观测数据基本一致。云雅如等（2009）对黑龙江漠河、侯向阳等（2011）对北方草原牧区的研究均表明，农户均具有较强的感知气候变化的能力，对气候变化的趋势认知较为准确。虽然从总体上对气候变化的趋势判断较为准确，但在不同的时段尤其是在温度、降水变化率较大时，农户的认知差异也比较大。祁新华等（2017）通过调查，对比了中部与东部村庄农户对气候变化的认知差异，发现农户对气温与降水的变化有强烈的认知，能较一致地回顾气候变暖的强度与时期，但中部农户对降水变化的认知度较强。类似的认知差异在前述研究中也存在。

对于造成这种认知差异的深层次原因，有学者进行了研究。农户对气候变化的认知本质上是对外界信息加工的过程，在这一过程中会有信息过滤，这种信息的过滤受到技术和个体特征的影响，由于气候变化认知包括温度变化、降水变化、极端气候事件以及气候变化造成的影响认知，农户的个体特征以及背景环境、期望值、信息导向等原因都可能导致认知结果的不确定性。常跟应等（2012）对比了黄土高原和鲁西南农民的气候变化认知能力，发现由于农户文化水平和职业不同，认知也不尽相同。

一般来说，对气候变化的认知会影响适应行为及其执行效果。贝罗等（Below et al.，2012）认为对气候变化的认知影响了农户的适应决策。农户对气候变化的认知强度影响适应措施的选择，气候变化认知与适应行为之间的关系具有内生性，与农户经济实力和防范风险能力等存在正相关关系。当认知到气候变化的风险较高，甚至可能超越农户的适应能力时，农户采取适应行为的意愿就会降低。李西良等（2014）对天山牧区的研究发现，农牧民对气候变化的认知与适应行为存在关系，认知越强烈，越倾向于采取牲畜转场、购买饲草甚至卖掉牲畜等行为。

虽然气候变化认知与适应行为之间存在相关性，但这种关系并非简单的线性关系。对国外的研究表明，虽然认知到气候变化但却并不一定导致采取必然的行动。葡萄种植园主虽然意识到气候变化会影响葡萄的品质和产量，并增加病虫害风险，但很少愿意调整种植方式和改良品种。有时基于气候变化认知的适应行为甚至是负面的。对山东的研究发现，农户虽然认知到气候变化并采取适应行动，但行动却是反方向的，说明农户行为不仅依赖于气候变化认知，还受其他因素的影响，包括客观适应能力、认知偏见和直观推断等（对于适应行为的影响因素，我们在下面会进行阐述）。

许多研究都表明，个体所具有的社会属性如性别、年龄、受教育水平、健康状况、气候信息、经济水平等均会对其认知能力有影响。此外，对气候变化的认知受到人们的经验、主观判断和行为偏好的影响，这些都构成人们对气候变化及其影响的认知障碍，除非消除这种障碍，否则会影响对适应气候变化行为的激励。

（2）政府机构气候变化认知与适应行为。

应对气候变化的适应行为可以分为国家、地方政府和公众等不同的层次，现有研究主要集中在农户对气候变化的适应方面，而很少有关于政府机构或农业生产管理机构对气候变化认知的研究。这可能出于两个原因：一是人们通常都认为，在农业生产和气候变化的应对中，政府机构是政策和宏观管理等公共产品的提供者，而农户是主体并发挥核心作用；二是人们认为政府有"超能力"，拥有充分的信息并能及时采取一切可能的措施对气候变化做出响应。

而实际上，由于气候变化和农业生产都是非常复杂的体系，应对气候变化对农业生产的影响更是非常复杂的系统，涉及农业、林业、气象、水利、国土等众多部门和领域，任何一个部门和一个机构的工作人员都很难对这些领域都有所掌握，这对政府应对气候变化提出了挑战。当前适应气候变化已经成为中国应对气候变化的基本对策，并被纳入国民经济和社会发展规划。有调查研究显示，地方政府在制定并实施适应气候变化的政策和规划时，面临着专业知识、资金保障、政策法规支持以及相关部门之间的合作机制等困难①。由于政府决策者对气候变化的认识水平和管理能力对于地方制定和实施适应气候变化行为具有决定性的作用，因此其对气候变化的认知能力至关重要。

3. 适应气候变化的技术措施

(1) 调整农业结构和种植制度。

调整农业结构和种植制度是目前农业适应气候变化的主要措施之一（秦大河，2002；王长燕等，2006；谢立勇等，2009；周曙东、周文魁和朱红根等，2010；周义等，2011；王向辉，2011；钱凤魁等，2014），主要包括适应气候变化下光照、热量以及水资源变化和气象灾害的新格局导致的种植区域位移和作物生长期的变化，改进作物品种布局、熟制、种植结构等（肖风劲等，2006；李虎等，2012）。如在干旱区通过调整农业结构和品种布局，减少高耗水量作物及品种，扩大节水型、耐旱型粮食作物的生产。而在气候变暖区，可以扩大喜温作物种植面积或改传统一、二熟制为二、三熟制等（李希辰等，2011）。

(2) 选育抗逆性强的农作物新品种。

选育优良品种是减少气候变化对农作物不利影响的重要适应性对策（秦大河，2002；谢立勇等，2009；周曙东、周文魁和朱红根等，2010；周义等，2011；王向辉等，2011；钱凤魁等，2014），也是农户适应自然环境因素变化中采用较多的行为（刘珍环等，2013）。以基因技术为代表的育种技术的进步为适应气候变化提供了更多的可能，应用生物技术可以快速有效地培育出抗逆性强（李虎等，2012）[抗非生物胁迫（如高温、水分亏缺、盐渍）和抗生物胁迫（如病虫害发生）]、适应当前和未来气候条件、高产优质的作物新品种，这也是农业适应气候变化的关键措施之一。如传统的强冬性冬小麦品种被过渡型、半冬性或弱冬性生态类型的冬小麦品种所取代，是应对气候变暖的典型的适应性行为，有助于小麦总产的稳

---

① 刘婷婷，马忠玉，马力克等. 关于政府决策者制定与实施地方适应气候变化规划的调查研究 [J]. 生态经济，2016，32 (5)：14 - 18.

定和提高。

（3）调整及改善农业生产管理手段。

针对不同作物的生长期特点，加强田间及耕作管理。可以采取适应性农艺措施，综合运用滴灌喷灌、测土施肥（李虎等，2012）等方式调节水肥供给，采用地膜覆盖、种子包衣等农业生产技术，以及深松深耕等保护性耕作方式（李希辰等，2011）。通过控制株距行距等科学种植、改变农药和化学药物的使用、喷施生长调节剂、进行害虫管理等，提高农业适应气候变化的能力（肖风劲等，2006）。加强土地的合理利用，提高区域自身适应气候变化的能力（周曙东等，2010）。有研究发现，调整农时是农户适应自然环境因素变化中采用较多的行为（刘珍环等，2013）。

（4）增加要素投入水平，改进要素组合方式。

气候变化下满足农业生产的资源禀赋如光照、热量以及水资源的组合结构发生变化，影响传统耕作及作物生长。通过增加抗虫害/耐候优良品种的投入，增加农药、化肥、灌溉等的投入，改善要素投入组合，适应气候变化导致的资源禀赋变化，克服气候变化对作物生长条件的不利影响，保持农业发展潜力。

（5）发展设施农业，提高农业抗御自然灾害的能力。

推进以设施农业为代表的现代农业建设（肖风劲等，2006；周曙东等，2010），提高农业生产技术水平。应用先进的技术手段，建设能改变自然光温条件的设施，创造优化动植物生长的环境因子，使之能够全天候生长，依靠增加科技投入，提高抵御自然灾害的能力。

总之，农户适应气候变化的措施多种多样，不同的分类方式表现出来的适应目的也会存在差别，而且不存在适应措施与气候变化影响的单一对应，每一种适应措施都可能适应多种气候变化的影响，每一种气候变化的影响也会有多种适应措施。

4. 适应气候变化的政策举措

（1）把适应气候变化纳入国家的政策与规划。

把适应气候变化与农村发展结合起来，将适应气候变化纳入农村发展的总体规划和区域规划中（刘恩财等，2010；刘彦随，2011；赵伟，2013）。要充分考虑气候变化的影响和制约因素，制定并落实农业适应气候变化的政策措施（刘恩财等，2010）。着力强化适应气候变化的能力建设，提高农业适应气候变化的能力，减轻气候变化对农业与农村的不利影响。

（2）完善适应气候变化的农业防灾减灾体系。

建立和完善涉及气候变化导致的干旱、洪水、植物病虫害等的灾害预警和应对体系，提高气候变化综合适应能力（刘恩财等，2010；李希辰等，2011；宋莉莉等，2012）。制定减灾应急预案，建立农业灾害应急保障资金及农业灾害保险制度（周曙东等，2010），完善气候应对手段，降低农业生产风险和损失（王向辉等，2011）。加强农业灾害性天气的预警与响应能力建设；建立涉及一些特殊区域如土壤沙化区等的灾害应对方案。健全农业防灾减灾及适应气候变化的组织体系，为应对气候变化提供强有力的组织保障。

（3）改善农业基础设施，提高农业机械配套标准及现代化生产水平。

农业水利基础设施建设是农业基础设施建设的主要内容（周曙东等，2010；刘恩财等，2010），对于提高农业防洪、抗旱、供水及应变能力非常重要。过去的水利基础设施建设以排水功能为主，现正在向兼顾集蓄、灌溉、排水等多重功能转变（李虎等，2012；宋莉莉等，2012）。随着节水农业种植技术的发展，以提升水利配套设施，增设以防渗、滴灌设备为主的节水灌溉设施建设在降低农田灌溉用水量、减少输水损失方面发挥了重要作用，提升了农业可持续发展水平（王向辉等，2011）。

随着现代农业的发展和大型现代化农机设备的应用，以加强农业基础设施和生态建设、提高农业综合生产能力（刘彦随等，2010）为基本目标的农业综合开发在提高农业生产的技术设施水平方面发挥了重要作用，农田土地整治、农田路网规划建设、水利基础设施配套以及发展以喷、滴灌为主的节水灌溉，对提高农业产量、增强气候变化的适应能力和防御灾害能力发挥了重要作用。

（4）支持开展农业适应气候变化的相关研究。

开展适应气候变化的基础性研究和创新性研究项目（宋莉莉等，2012；赵伟，2013），深入研究气候变化对农业生产系统的影响机理与适应机制的科学研究（刘恩财等，2010；刘彦随等，2010；王向辉等，2011）。加大对农业适应气候变化重点领域和项目的资金投入，促进适应技术研发，开展不同领域适应气候变化技术的集成创新研究（韩荣青等，2012；钱凤魁等，2014），为应对气候变化、增强可持续发展能力提供强有力的技术支撑。加强适应气候变化的管理手段的研究，提高农业应对气候变化管理水平。加强应对极端气候事件的适应性研究。

（5）加强生态环境建设，降低农业对气候变化的敏感性。

通过改善生态环境促进农业生产条件的改进，降低农业生产对气候变化的敏感性，促进农业生产的可持续发展（周曙东等，2010；李希辰等，2011；王向辉等，2011）。在气候变化脆弱区域积极推进并实施退耕还林、退耕还湿、退耕还草战略，发展立体农林复合型生态农业，实现农林结合，建立和恢复良好的农业生态环境。保护和发展防护林、水源涵养林，植树造林、封山育林、营造绿色水库，解决水土流失、植被覆盖率低的问题。平整土地、改良土壤，使汛期部分水分贮存于地下土壤和岩石缝隙中，减少汛期径流量。

（6）加强宣传和推广，鼓励农民参与。

推进适应气候变化科学知识的宣传教育，不断提高农民主体对气候变化的认知水平（王长燕等，2006）。通过加强对气候变化适应措施的培训、宣传和引导示范，提高农民对适应气候变化措施和技术的认知度，使其更好地适应未来气候变化（李希辰等，2011）。引导农民主动参与应对气候变化行动（刘恩财等，2010），加快健全农业适应技术推广体系，使农牧民和土地所有者获得这些适应措施和技术，鼓励农民采取适应气候变化的农田管理措施，减轻气候变化影响和增强适应气候变化能力（赵伟，2013）。

  总之，不同的适应行为对农业生产的影响不同。调整农业结构和布局、改革种植制度可以有效应对气候变化导致的农业生产条件变化和适宜耕作区位移，但是农业结构与和布局的调整意味着既有的耕作方式、耕作习惯的改变，也往往意味着一些耕作技术设备和基础设施需要更新，这意味着巨大的转换成本，而这种成本可能是一种单向的风险投入。以增加要素投入的方式应对气候变化可以在一定时期内提高农业生产能力，促进农业稳产增产，但是持续的要素投入会产生高昂的成本，不具有投入产出的线性关系，此外，大量使用化肥农药会造成严重的农业污染问题，如水资源污染、耕地地力减退、农产品质量下降等，超越了自然资源本底生产承载力的过度投入不具有可持续性。对农业灾害性天气的前期预警和后期补救尽管具有一定的成效，但在自然灾害面前可采取的措施是有限的。此外，由于政策制定与实施以及相关适应气候变化的措施也因地域特征、种植结构、地方政府的财力和属地传统习惯等存在差别，因而具体应对措施也会存在不同。

第3章

气候变化对农业生产的影响

中国是一个人口大国，农业的发展和粮食安全对于中国来说至关重要。中国政府也始终将粮食安全问题放在经济社会发展的重要位置，但是随着经济的不断发展，影响粮食生产的不确定因素越来越多，工业发展及城镇化对农业生产用地的侵蚀、污染造成的资源环境恶化、人类经济活动产生温室气体导致的全球变暖等因素都对农业及粮食生产稳定性产生影响，"藏粮于地、藏粮于技"的发展战略受到生态资源系统破坏的挑战。

从人类历史发展的角度，气候变化是一个周期性演变的过程，但是对近150多年的研究表明，人类活动对气候变化产生的影响已经超越历史上的任何阶段，也超越了自然本底可消纳的能力，气候变化呈现非周期性的演进趋势。基于对全球气候变化研究的结果，变暖已经成为被广泛接受的事实，气候变率增加并由此产生的极端天气状况愈加频繁，这些都对以自然资源为投入要素的农业生产造成不利影响，应对气候变化成为农业生产的重要方面。对中国气候发展趋势的研究表明，其气候变率高于全球平均水平，气候变化对中国农业的影响来得相对更快一些。

农业的生产是对自然资源和人为投入要素进行加工并最终转化为农业产品的过程，这里的自然资源包含了土地、水等资源要素，也包括光、热等气候生态要素。气候变化导致自然资源投入要素变化，影响了农业生产的过程和产出结果，生物体有机体在自然变率面前是脆弱的，其自我调适是一个漫长而充满风险的过程，不能满足人类对于农业生产成果的要求。为维持农业生产的稳定，需要重新调整投入要素的配比，以人为干预增加要素投入的方式应对自然要素变化带来的生产影响。由于涉及对投入产出的效益分析，对气候变化的应对成为一种经济的决策行为。

从宏观层面的对比看，气候变动趋势与粮食产量之间存在统计学意义上的一致趋势，表明气候要素的变化与粮食产量之间存在一定的相关性。研究气候变化对农业生产的影响也就是研究气候要素变化与农业产量之间、气候要素与其他投入要素之间的关系。国内外很多学者对此进行了研究，取得了丰硕的成果，为农业应对气候变化提供了有益的思路。

3.1 研究方法

气候变化对农业生产的影响涉及多个学科和领域，不同的研究领域及研究起点采用的方法也不尽相同，由此形成的结论也存在差异。农学领域的学者较早采用基于自然机理的作物生长模拟模型（简称"作物模型"）进行研究。作物模型是以实验的方式模拟作物生长的微观环境，通过精确控制作物生长所需的生产要素，包括土壤、肥料、温度、湿度以及光照等，在设定参数的前提下考察作物生长及产量形成的过程。林而达等（2007）、克莱因（Cline，2007）以及潘根兴等（2011）均运用此模型进行了相关研究，以发现气候变化对农业生产的影响。利用该模型得到的一般结论是气候变化对农业生产不利，可能对粮食生产产生负效应。但是相关研究还发现，不同的作物受气候变化影响的正负效应可能不同，而且作物模型的特点在于强调"精准调控"，而这在宏观尺度是很难做到的。这些不确定性都为应对气候变化的决策带来困难，模型适用也受到影响。

由于模型参数不涉及社会经济因素和人类行为，作物模型不能对气候变化适应的社会经济现象做出解释。尽管有学者以将土地管理决策与作物模型相结合的方式或以对大量的历史数据进行统计分析的方式对气候变化和产量之间的关系进行研究，但仍然不能解决模型无法对社会经济现象和人类行为做出解释的难题。而不研究社会经济因素的影响，也就无法分析农业生产中农户基于经济利益在种植结构和生产经营投入方面对气候变化的反应，也就无法对气候变化造成的影响做出准确的评估。

建立在"帕累托潜在改善"理论基础上的李嘉图模型通过成本效益分析将气候变化对农业的损失转变为土地收益损失，实现了对气候变化效应影响农业产出的分析。李嘉图模型的引入和应用解决了原有的以自然机理为基础的模型不能对社会经济现象和人类行为进行研究的难题。应用该模型可以利用国家宏观统计数据或调查数据构建农业生产能力与气候因素之间的关系，分析气候变暖对农业最终产出的影响。模型最大的优势在于可以对截面数据进行分析并识别农民气候变化适应行为等对农业的影响。国内学者刘等（Liu et al.，2004）、王等（Wang et al.，2008）、杜文献（2011）以及陈帅（2015）都使用李嘉图模型研究气候变化对中国农业的经济影响。李嘉图模型的一般结论是气候变化都会影响农业收入，气温升高有利于灌溉农业而不利于旱作农业，降水增加能带来正面影响，季节性影响呈多样性且可以相互抵消等。

由于李嘉图模型是以土地价值作为研究的对象，因而其局限性在于没有考虑价格的变动因素、气候变化适应行为无成本的假设，以及无法实现对土壤特征等变量的控制等，这些都会造成评估结果不能衡量动态调整，导致最终研究结果发生偏差。对李嘉图模型的改进建议集中于要考虑技术进步在降低气候变化影响中的作用以及关注劳动力成本因素和价格不完全的问题等方面。

此外，在现有经济学的生产函数模型中引入气候因子建立的经济计量模型（CDC）以及源于瓦尔拉斯的一般均衡理论的可计算一般均衡模型（CGE）也是被广泛应用的研究方法。与其他函数形式相比，柯布—道格拉斯生产函数更适合描述粮食投入产出的过程，并对此进行经济分析。考夫曼等（Kaufmann et al.，1997）、郝金良等（1998）、崔静等（2011）通过添加气候因子对柯布—道格拉斯函数进行改造，用以研究气候变化对于农业生产的影响，均取得了较好的效果。丑洁明等（2004，2006）构建的 CDC 模型是典型的生产函数重构模型，从实际应用和检验的结果看，模型估计结果的误差较低。CDC 模型的不足在于模型存在的不确定性和资料的不完整以及缺乏对农民适应的考虑，这些都可能会对结果造成偏差。CGE 模型建立在投入产出模型的基础之上，其思路是通过识别和比较没有气候变化的基准情景与存在气候变化情景下产量变化情况，最后将气候变化对产量影响的结果传导到一般均衡模型中，模拟出气候变化的影响结果，是迄今唯一可以反映宏观经济调整与微观主体间复杂关系的模型。当前国内应用 CGE 模型研究气候变化问题偏重于宏观层面的问题，对于微观层面的农业生产关注不多。

由于各种研究模型存在不同的适用条件，样本和数据来源的差异都可能导致结果的偏差，应用不同的模型研究的结果也可能产生偏差，这对政策的制定造成了困扰。陈帅等（2016）经过梳理发现，当前对气候变化影响的研究视角从衡量农地价值逐渐转向考察具体农作物单产，实证分析技术逐步从传统截面回归向面板空间计量演进。陈等（Chen et al.，2014，2016）以及陈帅（2015）分别运用面板数据通过空间计量分析研究农作物单产与气候变化因子之间的关系。从研究的结果看，气候变化会对作物生长的不同阶段产生影响，并最终导致了水稻和小麦的减产。但是陈等（Chen et al.，2014，2016）的研究虽然反映了气候要素与农作物单产之间存在线性拟合关系，但对于潜在的非线性关系却没有捕捉到，因而其估计系数不具备长期预测能力。

本书是基于全国 13 个粮食主产区 1993~2013 年的粮食生产数据加入气候变量进行分析研究，由于是典型的面板数据，研究拟通过构造粮食产量与投入要素（包括人为投入要素和气候要素）之间的回归方程，采用面板数据模型进行研究。

面板数据模型的选择通常有三种形式：一是混合估计模型，其基本假设是不同个体之间不存在依赖于时间的显著性差异，数据不同截面之间也不存在显著性差异，则可以直接把面板数据混合在一起用普通最小二乘法

（OLS）进行参数估计。二是固定效应模型，其基本假设是不同的截面或不同的时间序列模型的截距不同，采用在模型中添加虚拟变量的方法对回归参数进行估计。三是随机效应模型，即如果固定效应模型中的截距项包括了截面随机误差项和时间随机误差项的平均效应，并且这两个随机误差项都服从正态分布，则固定效应模型就变成了随机效应模型。采用固定效应模型的一般表达式如下：

$$y_{it} = \lambda_i + \sum_{k=2}^{K} \beta_k x_{kit} + u_{it} \qquad (3-1)$$

固定效应回归是一种控制面板数据随个体变化但不随时间变化的一类变量方法。运用此模型对面板数据进行回归分析，可以有效去除产量随时间增长的干扰，有效去除技术进步因素带来的产量增长的影响。

3.2 研 究 数 据

为研究气候变化对粮食产量的宏观影响，拟采用全国 13 个粮食主产区粮食生产数据结合气候因素变化情况研究气候变化对农业生产的宏观影响。粮食主产区气候变化及农业生产的数据可以查阅气象信息资料和相关统计年鉴获取。本书选取全国 13 个粮食主产区 1993～2013 年粮食生产的面板数据及 1993～2013 年各省气候变化数据进行分析。

3.2.1 数 据 来 源

1. 关于粮食主产区的界定

关于粮食主产区的划分最早是基于国家统计局数据统计分析的需要，以地理、土壤、气候、技术等条件适合种植粮食作物，具有一定经济优势而且输出商品粮食较多为指标而确定，符合上述条件的包括黑龙江、吉林、辽宁、内蒙古、河北、山东、江苏、河南、湖北、湖南、江西、安徽和四川共 13 个省份。

学术界对于粮食主产区较早的研究是刘志强等（2003）基于《2000 年中国可持续发展战略报告》中的数据进行综合分析得出的结果，在研究了全国 31 个省份的农业资源环境和粮食产量后，刘志强等提出将全国 31 个省份划分为 15 个粮食生产主产区和 16 个非粮食主产区。此外，李宁辉（2006）根据国家统计局关于粮食的定义以及三大粮食作物产区的界定，利用粮食总产量、主要粮食产品产值占该地区 GDP 总值的比例和粮食净出口值三项指标，确定了黑龙江、吉林、安徽、山东、河南等 11 个省份为粮食主产区，广西、内蒙古等 8 个省份为粮食次主产区。

正式的国家文件中关于粮食主产区的范围和定义最早见于 2003 年的财政部下发的《关于改革和完善农业综合开发若干政策措施的意见》中所做的范围界定，文件确定了 17 个省级单位作为综合开发的农业主产区域，其中黑龙江、吉林、辽宁、内蒙古、河北、河南、山东、江苏、安徽、四川、湖南、湖北、江西 13 个省级单位被确定为粮食主产区，其他区域被分别界定为棉花主产区和糖料主产区。

本书采用财政部 2003 年关于粮食主产区的界定，即以黑龙江、吉林、辽宁、内蒙古、河北、山东、河南、江苏、安徽、湖北、湖南、江西和四川 13 个省区作为研究范围。

2. 关于粮食主产区数据的结构及来源

根据国家统计局的相关统计数据，2016 年上述 13 个粮食主产区拥有的耕地面积约占全国耕地面积的 65%，粮食产量约占全国粮食总产量的 75%，全国年增产粮食的 95% 来自这 13 个粮食主产区。从地理分布上看，13 个粮食主产区分布在中国经济发展的核心区域，也是农业发展的核心区域，对于研究粮食主产区气候变化对农业生产特别是粮食生产的影响，具有较强的代表性，对于制定适应气候变化的农业生产政策、确保粮食产量稳定具有重要的意义和价值。

为研究气候变化对农业生产的影响，本书根据农业生产的常识以及第 2 章和第 3 章进行的综述和分析，将粮食产量作为产出要素，即因变量，将投入要素划分为气候要素和人为投入要素，作为自变量，进行分析研究，如表 3 - 1 所示。

表 3 - 1　　　　　　　　　　粮食主产区数据基本结构

产出要素	人为投入要素	气候要素
粮食产量	播种面积	降水量
	农业用水总量	平均气温
	农用化肥施用折纯量	日照时数
	农药使用量	
	农用塑料薄膜使用量	
	乡村从业人员数量	

本书数据选取的年限为 1993 ~ 2013 年，共计 21 年的面板数据。产出要素粮食产量及人为投入要素如播种面积、农业用水总量、农用化肥施用折纯量、农药使用量、农用塑料薄膜使用量以及乡村从业人员数量等数据均来自历年国家统计年鉴。气候要素如降水量、平均气温、日照时数通过中国国家气象信息网查询并计算获得。

3.2.2　数据特征

如前所述，13 个粮食主产区在全国粮食生产中占据重要地位，研究气候变化对粮食主产区粮食产量的影响对于稳定农业生产、保障粮食安全具有重要意义。气候条件是农业生产活动的先决条件，决定了农作物产量形成、种植制度和地区布局。本书中气候要素选取降水量、平均气温、日照时数。在初始进行研究时曾考虑将气候要素的平均湿度作为变量纳入研究中，但由于湿度与日照存在一定的相关性，相关的研究表明较高的湿度影响蒸腾作用，对于植物光合作用不利，纳入平均湿度会影响其他因素对产量影响的显著性。

1. 降水与粮食产量的关系

水是制约农业生产的重要因素。就总量而言，我国水资源相对充足，但是由于地理分布的原因均摊到可耕地上的地表水资源相对较少，降水成为补充作物生长所需用水以及促进作物生长的重要影响因素。有研究表明，降水的年度或季节分布对作物产量有影响。党廷辉等（2003）、徐为根等（2004）发现作物生育期不同时段降水对产量的影响存在不同，在降水时段与作物生长需水时段契合的情况下，降水会给作物生长和产量形成带来正向的影响。此外，作物产量与年际降水量也密切相关。一般而言，降水增加会带来更多的收益，但是降水量的增加对非潮湿地区增产有利，而对湿润地区增产不利。

如图 3 - 1 所示，本书基于 13 个粮食主产区降水以及粮食产量的数据特征表明，在不考虑其他因素的情况下，并非降水量越多产量越高。

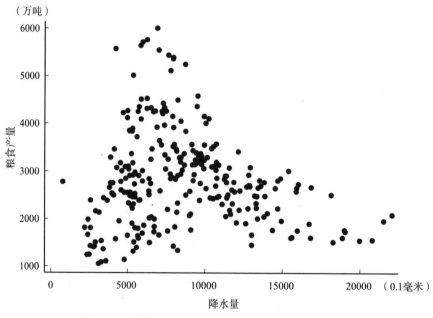

图 3 - 1　粮食主产区平均降水与粮食产量之间的关系

2. 积温与粮食产量的关系

适宜的温度是作物生长的重要条件，同时温度的任何变化都会通过传导作用影响到作物产量形成。在大多数情况下，气温升高有利于农业的生产，但是由于不同作物生长的区域不同、生产的基础条件存在差异，气温升高对不同生产条件的作物产量的影响也不尽相同。如对于黄淮海地区农业生产的研究表明，气候变暖导致的干旱使得粮食产量下降。对玉米和水稻的研究也发现，温度升高不利于玉米和水稻的生长。温度是影响农业生产的重要因子，这种影响最终会体现到产量变动上。林而达等（1997）研究发现，如果适应技术及时，在温度变暖的情况下，作物生产量会增长。张建平等（2005）研究了我国南方双季稻发育和产量受气候变化影响的情况，发现水稻结实期温度提高 1℃，可能导致产量下降 10%。而相关研究也表明，温度每上升 1℃，玉米的平均产量将减少 3%。

温度对农作物的生长、分布和产量存在显著的影响。在一定的温度范围内，如果其他环境条件得到满足，生物有机体发育速度与温度之间存在正相关的关系。当然由于种类、品种和生育时期的不同，不同生物的生育起始温度（即开始生长发育的最低温度）也是有差异的。只有当日平均温度高于该生物的生育起始温度时，温度因子才会对该生物有机体的生长发育起促进作用。生物学中将生育起始温度称为生物学的下限温度（也称生物学零度）。对于大多数农作物来说，当日平均气温低于 0℃ 时，几乎所有作物都无法生长。

农业气象上通常把某一时间段内符合一定条件的日平均温度直接累加或处理后进行累加得到的总和称为积温，用以反映一个地区适应作物生长的热量状况。气象学中常见的"大于等于 10℃ 的积温"就是气象学家将每年连续等于和超过 10℃ 的日平均温度求和确定的。本书的研究范围涉及全国 13 个省份，地理上跨越南北，气候条件涉及暖温带和亚热带，粮食作物涉及小麦、玉米和水稻，无论是地理条件、气候条件还是作物自身的特征差异都较为明显。尽管水稻有效生长的生物学下限温度为 10℃，但是考虑到广大北方地区的粮食作物仍以小麦为主，因而以 0℃ 为生物学零度计算"大于等于 0℃ 的积温"，用以研究积温变化与粮食产量的关系。

如图 3 - 2 所示，通过构建大于等于 0℃积温，我们发现积温与粮食产量之间存在复杂的关系。从散点图的表现看，随着积温的增加，粮食产量呈现先减后增再减少的现象。表明就全国粮食主产区而言，由于种植的粮食作物包括小麦、水稻和玉米等多种作物，各个作物因其自身特性的不同其生物学的下限温度也不尽相同，因而表现出复杂的结果。

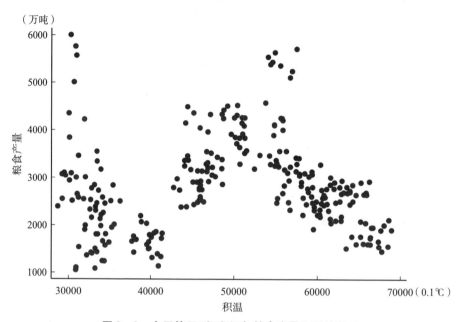

图 3 - 2　大于等于 0℃积温与粮食产量之间的关系

3. 日照与粮食产量的关系

充足的日照是农作物进行光合作用合成有机物产量的重要条件。王辉等（2014）对昆明地区水稻的研究已经表明，日照不足会限制作物产量的形成。马雅丽等（2009）研究了各类气候变化因子对玉米产量的影响，日照是影响山西玉米产量的气候因子之一。张旭光（2007）、王丹（2009）发现生育期内充足的日照对产量具有正向积极作用。但是由于温度、降水和日照之间可能存在替代关系，单纯的日照增加可能会增加水分蒸发，增加作物对水分的需求，而如果水分的增加不能得到满足，会对产量产生不利的影响。

如图 3 - 3 所示，随着年平均日照时间的增加，粮食产量呈现先增后减的现象。

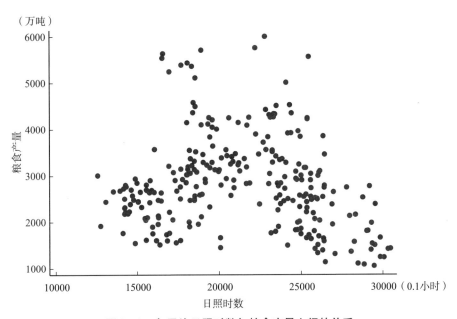

图 3 - 3　年平均日照时数与粮食产量之间的关系

3.3　气候变化与粮食产量

3.3.1　降水与粮食产量

基于前述的研究，年平均降水与粮食产量之间存在一定的逻辑关系。通过对降水量和粮食产量数据的拟合，发现在不考虑其他因素的情况下，降水量与粮食产量之间存在着倒 U 形曲线关系，也就是说随着降水量的增加，粮食产量呈现先增后减的趋势。通过对现有降水量变动趋势的判断，近年来，年降水量为 7000～9000 毫升且降水量有逐年减少的趋势，因此，在未来几年内随着降水量的逐年减少，粮食产量有进一步增长的可能，如图 3-4 所示。

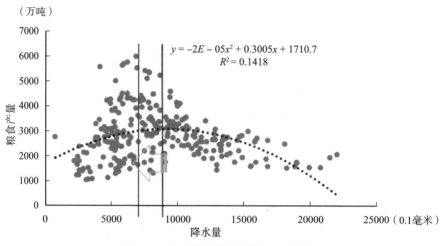

图 3-4　降水量与粮食产量之间的关系

3.3.2　积温与粮食产量

有效积温的变化与粮食产量之间的关系较为复杂，在不考虑外部因素影响的情况下，通过拟合有效积温与粮食产量数据发现，有效积温变化与粮食产量之间存在三次多项式关系。也就是说随着气候变暖趋势的增强，有效积温的增加将会导致粮食产量随积温变化先减后增再减少。近年来，有效积温位于 4600℃～5400℃ 之间，且未来几年内存在继续增加的可能，预计粮食产量也会随之增加，如图 3-5 所示。

3.3.3　日照时数与粮食产量

日照是作物进行光合作用、将太阳能转化为化学能量的过程。从收集的数据判断，在不考虑其他因素的前提下，日照时数与粮食产量之间存在倒 U 形曲线关系。也就是说随着日照时数的增加，粮食产量呈现先增后减的变化趋势。近年来,日照时数基本处于 1900~2200,随着日照时数的降低,粮食产量也会随之降低,如图 3-6 所示。

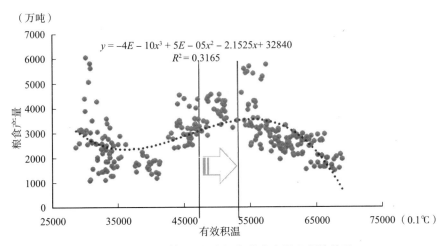

图 3-5 大于等于 0℃积温与粮食产量之间的关系

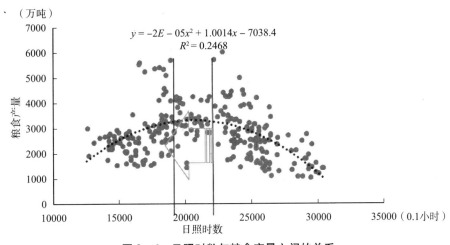

图 3-6 日照时数与粮食产量之间的关系

3.4 气候因素对粮食产量的影响

3.4.1 变量选择

基于已有研究，将粮食产量作为产出要素，即因变量，人为投入要素包括播种面积、农业用水总量、农用化肥施用折纯量、农药使用量、农用塑料薄膜使用量以及乡村从业人员数量；气候要素选取降水量、平均气温、日照时数。构造降水量、有效积温和日照时数二次项，以及有效积温的三次项，以便于更好地刻画气候因素的自变量与粮食产量这一因变量之间的非线性关系。

在进行气候因素的选择时，曾考虑将平均湿度作为变量纳入研究中，但由于湿度与日照存在一定的相关性，相关的研究表明较高的湿度影响蒸腾作用，对于植物光合作用不利，纳入平均湿度会影响其他因素对产量影响的显著性。相关研究也显示温度、降水、光照分别与粮食产量之间都存在一定的线性或非线性关系，为准确描述这种关系，同时也为克服气候因素之间的多重共线性，需要对气候因素的变量进行进一步处理，以更贴切地描述投入变量与产量之间的关系，同时消除变量之间多重共线性的影响。

关于消除变量间多重共线性的方法，采用不同研究方法的学者有不同的处理手法，较常见的是通过取对数的形式，有的则是以交叉项的方式将两个或多个存在多重共线性的因素整合构造成一个要素等。也有学者为消除某些特定因素如技术进步、经济因素和人类行为的影响以变量替代的方式进行处理，如以单位面积产量代替总产量用以消除面积投入等经济因素的影响。本书通过降水量、平均气温和日照时数二次项的方式进行变量构造，以便于更好地刻画气候因素的自变量与粮食单位面积产量这一因变量之间的非线性关系。

3.4.2　变量描述性统计特征

从 13 个主产区的粮食生产要素看，各主产区年度粮食产量最大值是最小值的 5.7 倍，降水量的最大值是最小值的 28.8 倍，其他的因素最大值与最小值之间同样差异巨大，这与地理位置和气候条件有关，也与粮食主产区的规模有关。具体变量的描述性统计如表 3 - 2 所示。

表 3 - 2　　　　粮食主产区总产量研究样本变量特征描述性统计特征

	变量名	变量定义	均值	最小值	最大值
被解释变量	粮食产量	万吨	2834.198	1055.4	6004.07
解释变量	降水	年降水量（0.1mm）	8572.89	766.00	22062.80
	降水的平方项		8.95e+07	586756	4.87e+08
	积温	年积温（0.1℃）	49183.7	28697.56	68954
	积温的平方项		2.56e+09	8.24e+08	4.75e+09
	积温的立方项		1.39e+14	2.36e+13	3.28e+14
	日照时数	年日照时数（0.1 小时）	21328.31	12554.8	30467.3
	日照时数的平方项		4.75e+08	1.58e+08	9.28e+08
	播种面积	实际千公顷数	5829.953	2743.27	11564.36
	用水投入	农业用水量（亿立方米）	156.2348	66.38	325.25
	农药投入	农药使用量（万吨）	7.528199	0.58	19.88
	机械投入	农业机械总动力（万千瓦）	3532.874	598.8	12739.83
	化肥投入	农用化肥施用折纯量（万吨）	243.1451	44.7	696.37
	农膜投入	农用塑料薄膜使用量（吨）	80777.37	8398	343524
	劳动力投入	乡村从业人员数量（万人）	2342.37	564.2	5177.7

3.4.3　模型构建与回归结果

1. 模型构建与变量描述

本书构建如下面板数据模型验证气候因素对粮食产量的影响：

$$chanliang_{it} = \alpha + \beta_1 X_{it} + \beta_2 Y_{it} + \varepsilon_{it} \qquad (3-2)$$

式中，$chanliang_{it}$ 代表粮食产量；α 代表常数项；X_{it} 代表气候因素，包括降水量、降水量的平方项，积温、积温的平方项、积温的立方项，日照时数、日照时数的平方项；Y_{it} 代表一组控制变量，包括播种面积、用水投入、农药投入、机械投入、化肥投入、农膜投入、劳动力投入；ε_{it} 为误差项；i 代表省份（$i=1,2,\cdots$）。

2. 估计结果

本书运用 Stata 软件进行回归。模型估计结果如表 3-3 所示。

表 3-3　　　　　粮食主产区总产量研究回归结果

变量	固定效应模型	
	系数	t 值
降水	0.07 **	2.38
降水的平方项	-2.31e-06 **	-2.25
积温	-0.56 **	-2.09
积温的平方项	0.0000107 *	1.91
积温的立方项	-6.54e-11 *	-1.74
日照时数	0.14 **	2.03
日照时数的平方项	-3.56e-06 **	-2.24
播种面积	0.45 ***	12.59
用水投入	4.63 ***	5.04
农药投入	-37.88 **	-2.45
机械投入	0.11 ***	3.34
化肥投入	3.53 ***	5.06
农膜投入	-0.0001018	-0.09
劳动力投入	-0.03	-0.13
常数项	6247.52	1.48
R^2	0.8464	

注：*** 、** 、* 分别代表在 1%、5% 和 10% 的水平上显著。

3. 回归结果分析

第一，降水量对总产量的影响呈倒 U 形。水是作物产量形成的重要物质，也是作物生长能量交换的主要介质，降水量的变化对作物生长具有重要影响。张志红等（2008）、王鹤龄（2013）、罗海秀（2014）的研究均表明，降水对生长发育过程和小麦产量具有重要影响，是制约小麦生产的重要因素。回归结果显示，降水量在 5% 的水平上对总产量具有显著正向影响，其平方项在 5% 的水平上对总产量具有显著负向影响，说明降水量对总产量的影响呈倒 U 形。党廷辉等（2003）、徐为根等（2004）、李广等（2010）、毛婧杰（2013）发现作物产量与降水量和作物生长发育阶段的契合有重要关系，刘等（Liu et al.，2004）的研究还发现降水量的增加具有正面作用，但不同地区和季节存在差异。王等（Wang et al.，2009）区分了气候变化因素对旱作农场和灌溉农场的影响，认为降水量的增加对非潮湿地区有利。

第二，积温对总产量具有显著负向影响。积温在 5% 的水平上对粮食产量具有显著负向影响，其平方项在 10% 的水平上对粮食产量具有显著正向影响，其立方项在 10% 的水平上对粮食产量具有显著负向影响。实际上，温度的变化导致不同区域粮食产量变化确实是存在差异的。肖国举（2007）的研究表明气候变暖导致粮食产量下降，其中雨养小麦全面减产。王等（Wang et al.，2009）的研究认为气候变暖对旱作农场不利而对灌溉农场有利。

第三，日照时数对总产量的影响呈倒 U 形。日照是植物光合作用的关键要素，也是作物能量转化和产量形成的重要影响因子。回归结果显示，日照在 5% 的水平上对粮食产量具有显著正向影响，马雅丽等（2009）在研究气候变化因子对玉米产量影响时发现，日照是影响玉米产量的气候因子之一。王辉等（2014）发现水稻生长中后期如果日照不足会限制水稻产量的形成。回归结果还显示，日照时数的平方项在 5% 的水平上对粮食产量具有显著负向影响，说明日照对粮食产量的影响呈倒 U 形。本书能够证明马雅丽等（2009）、王辉等（2014）的研究发现，并验证了王建林等（2004）的分析，即充足的日照对于作物产量形成具有重要作用，但是过度的日照会造成温度上升，增加蒸腾作用，增加水资源消耗，给作物生长带来不利影响，也与陈帅等（2016）的发现契合。

第四，播种面积、用水投入、机械投入、化肥投入分别在1%的水平上对粮食产量具有显著正向影响；农药投入在5%的水平上对粮食产量具有显著负向影响。

3.5 结论与政策启示

3.5.1 主要结论

第一，降水量在5%的水平上对总产量具有显著正向影响，其平方项在5%的水平上对总产量具有显著负向影响，说明降水量对总产量的影响呈倒 U 形。

从数据的拟合结果看，在不考虑其他因素影响的情况下，随着降水量的增加，粮食产量呈现先增后减的趋势。通过对现有降水量变动趋势的判断，近几年，降水量为 7000 ~ 9000 毫升，位于拐点区域，尽管在后面的几年内降水量呈现逐年减少的趋势，但对于粮食产量的影响不大。

第二，积温在5%的水平上对粮食产量具有显著负向影响，其平方项在10%的水平上对粮食产量具有显著正向影响，其立方项在10%的水平上对粮食产量具有显著负向影响。

从数据的拟合结果看，在不考虑其他因素影响的情况下，随着气候变暖趋势的增强及有效积温的增加，将会导致粮食产量随积温变化先减后增再减少。当前有效积温为 4600℃ ~ 5400℃，且后面几年存在继续增加的可能，预计粮食产量也会随之增加。

第三，日照时数在5%的水平上对粮食产量具有显著正向影响，日照时数的平方项在 5% 的水平上对粮食产量具有显著负向影响，说明日照时数对粮食产量的影响呈倒 U 形。

从数据的拟合结果看，在不考虑其他因素影响的情况下，随着日照时数的增加，粮食产量呈现先增后减的变化趋势。近年来日照时数基本处于 1900~2200 小时，随着日照时数的降低，粮食产量也会降低。

第四，播种面积、用水投入、机械投入、化肥投入分别在 1% 的水平上对粮食产量具有显著正向影响；农药投入在 5% 的水平上对粮食产量具有显著负向影响。本结论符合经济学意义，充分说明了模型设定的合理性。

3.5.2 政策启示

首先，研究发现，降水和日照对粮食主产区单位面积粮食产量存在先增后减的倒 U 形关系，对粮食总产量也存在先增后减的倒 U 形关系。其政策意义如下。

一是说明降水量和日照时数对农业生产来说存在最优的拐点，在拐点之前，降水量和日照时数越接近这一最优点，对粮食生产越有利，偏离最优点则不利于粮食生产。在政策上如果能发现趋近拐点的趋势或有效拟合或者找到最优拐点，将可以更加准确地预测气候变化对产量的影响。

二是拟合气候变化与产量间的关系，有利于做出对气候变化趋势及影响的有效判断，有利于制定科学合理的应对措施，并对气候变化做出及时有效的适应。在不考虑其他因素影响的情况下，从数据的拟合结果看，通过对现有降水量变动趋势的判断，近年来降水量为 7000~9000 毫升，且降水量有逐年减少的趋势，但是对粮食产量的影响却不大，这也说明粮食主产区灌溉设施和灌溉手段较为完善，对于降水的依赖性不高。因此提高灌溉能力有助于提高应对气候变化的能力。

近年来，日照时数为 1900~2200 小时，随着日照时数的降低，粮食产量也会随之降低。日照时数的降低与自然变化有关，也与人类经济活动造成的空气污染有关，减少空气污染物的排放、增加有效光照时间有助于提高粮食产量。

其次，本书发现积温在 5% 的水平上对粮食产量具有显著负向影响，其平方项在 10% 的水平上对粮食产量具有显著正向影响，其立方项在 10% 的水平上对粮食产量具有显著负向影响。在不考虑其他因素影响的情况下，对积温数据和粮食产量进行拟合，结果表明积温对粮食产量的影响关系较为复杂。基于近几年有效积温为 4600℃～5400℃，且后面几年存在继续增加的可能，预计粮食产量也会随之增加。

最后，播种面积、用水投入、机械投入、化肥投入分别在 1% 的水平上对粮食产量具有显著正向影响；农药投入在 5% 的水平上对粮食产量具有显著负向影响。这表明增加播种面积、用水投入、机械投入、化肥投入有助于应对气候变化对农业稳定和粮食生产的影响。其中增加用水投入对产量的正向影响验证了对降水的低依赖水平。

第4章

农业耕地利用碳排放特征
及影响因素研究

4.1　研究对象及研究方法

4.1.1　研究对象

　　我国有 13 个省级粮食主产区,其中,中部地区有 5 个(关付新等,2010),分别是安徽、江西、河南、湖北、湖南。中部粮食主产区地处东经 108°22′~119°37′、北纬 24°29′~36°22′之间,属于中部内陆地区,具有承东启西、连南通北的区位优势,在国家区域发展格局中具有重要的战略地位(魏洪斌等,2015)。中部粮食主产区的耕地资源相对丰富,粮食生产优势明显,在保障国家粮食安全方面意义重大(张立新等,2017)。由于平原面积比较广阔、耕地面积大、水热条件优越,中部粮食主产区五省粮食自给率超过 100%,其中,安徽、江西、河南均为重要的粮食出口省份。2021 年,中部粮食主产区的粮食总产量占全国当年粮食产量的27.33%,是重要的粮食主产区。研究中部粮食主产区的耕地利用碳排放,能够合理实现耕地利用碳减排,发挥耕地资源丰富地区的低碳示范作用。

4.1.2 研究方法

1. 耕地利用碳排放核算体系

结合中部粮食主产区耕地利用的实际情况，并基于全生命周期理论，将耕地利用过程分为耕地生产的投入环节（农业生产资料投入）、生长环节（农作物生长）、收获环节（农作物收获）三部分，如图4-1所示。表4-1详细介绍了耕地利用3个环节的碳排放源及排放核算方法，并说明了相关的系数，在此基础上测度2000~2019年中部粮食主产区耕地利用各类温室气体排放量并统一折算为二氧化碳当量（以下用 CO_2e 表示）。本章中的碳排放量均指温室气体排放的二氧化碳当量。

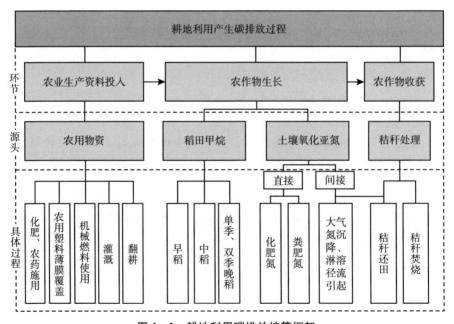

图4-1 耕地利用碳排放核算框架

表 4—1　碳排放核算公式与指标说明

环节	核算公式	指标含义
农业生产资料投入	$E_{materials} = \sum Ac_i \times Em_i$	$E_{materials}$ 为农用品投入环节碳排放总量；i 为农业生产资料投入类型；Ac_i 为 i 类农业生产活动的碳排放数量（李波，2011），其中，农业灌溉活动碳排放系数为千克/公顷，翻耕活动的碳排放系数为千克/平方千米，化肥及农药施用、农用塑料薄膜覆盖、机械燃料使用活动的碳排放数量单位为千克/千克
农作物生长	$EC_{rice} = \sum SA_j \times Er_j$ $EN_{direct} = E_{straw} + E_{fertilizer} = (N_{straw} + N_{fertilizer}) \times \dfrac{44}{28}$ $E_{fertilizer} = N_{nf} \times \dfrac{44}{28} = N_f \times E_f \times \dfrac{44}{28}$ $EN_{id1} = (N_{df} \times 20\% + N_{sum} \times 10\%) \times 0.01 \times \dfrac{44}{28}$ $EN_{id2} = N_{df} \times 20\% \times 0.0075 \times \dfrac{44}{28}$	EC_{rice} 为稻田甲烷排放总量；j 为水稻类型；SA_j 为 j 类型水稻播种面积，单位为千公顷；Er_j 为 j 类型水稻甲烷排放系数（闵继胜，2012），单位为克甲烷/平方米。EN_{direct} 为农用地氧化亚氮直接排放量，单位为吨氧化亚氮；E_{straw}、$E_{fertilizer}$ 分别为秸秆还田和氮肥使用引发的氧化亚氮排放量，单位为吨 N$_2$O；N_{straw}、N_{nf} 分别为秸秆还田和氮肥投入的氮量，单位是吨氮；N_f 为氮肥总施用量，包括氮肥总施用量，包括氮肥与复合肥中的氮输入，E_f 为区域氧化亚氮直接排放因子，数值参考《省级温室气体清单编制指南（试行）》，单位为每千克 N$_2$O-N/kg。EN_{id1}、EN_{id2} 为农用地氧化亚氮间接排放量，EN_{id1} 为大气氮沉降和氮淋溶流失引发的氧化亚氮直接排放源的氮输入量，单位为吨氮，包括化肥输入氮和秸秆还田氮
农作物收获	$Nn_{straw} = \left(\dfrac{\text{作物籽粒产量}}{\text{经济系数}} - \text{作物籽粒产量}\right) \times$ 秸秆还田率 × 根冠比 × 根或秸秆含氮量 $N_{straw} = \sum Nn_{straw}$ $E_{straw} = N_{straw} \times \dfrac{44}{28}$ $E_{burn} = \sum N_m \times C_m \times R_m \times F_m \times Ec_m$ $EC_{burn} = \sum N_m \times C_m \times R_m \times F_m \times Ec_m$	Nn_{straw} 为第 n 类作物秸秆还田氮，单位为吨氮；N_{straw} 为各类作物秸秆还田所引发的总氧化亚氮排放量。作物产量和秸秆的经济系数、秸秆还田率参照《中国温室气体清单研究》中所使用的 16 种主要农作物的还田率以及发展改革委员会发布的《省级温室气体清单编制指南（试行）》。秸秆还田率参照中华人民共和国生态环境部的农业污染源普查数据以及发展改革委编制指南和主要农作物的产量，单位为万吨。E_{burn} 为秸秆焚烧二氧化碳排放量；C_m 为第 m 类作物的草谷比；R_m 为第 m 类作物秸秆露天焚烧比例（彭立群等，2016），单位为%；F_m 为第 m 类作物的二氧化碳排放因子，单位为克/千克；Ec_m 为第 m 类作物秸秆焚烧排放系数，单位为克/千克的参数。对于小麦、水稻和玉米草谷比的确定，主要参考国家发展改革委员会公布的参数

2. 耕地利用碳排放影响因素

Kaya 恒等式是当前分析碳排放影响因素的主流方法之一，由日本学者茅阳一（Yoichi Kaya，1990）提出，具有分解后无残差和解释力强等优势，包括了影响碳排放总量的各个方面（袁路等，2013），被广泛应用于国家和地区碳排放的影响因素分析（Hong et al.，2021；Wang et al.，2022；王长建等，2016；陈军华等，2021）。对耕地利用碳排放产生影响的因素可以从制度环境、耕作技术水平、田间耕作制度等方面考虑。本章将单位耕地面积碳排放量分解为四个直接影响因子，即耕地利用碳强度、耕地产出效益、种植结构和复种指数。耕地利用碳强度是指单位产值所产生的碳排放量，用于衡量农业经济与耕地利用碳排放的关系，通常随着技术进步和经济增长而下降；耕地产出效益表明了耕作活动产生的收益，能够影响农户利用耕地的行为；种植结构与复种指数是田间耕作制度的重要指标，关系到耕地利用的程度与作物种类，进而影响单位耕地面积的碳排放。各因素对于耕地利用碳排放的影响为：耕地利用碳强度下降时，耕地利用碳排放的增速低于农业经济发展增速，对碳排放起抑制作用；耕地产出效益增加会激发农民从业意愿，提高耕地利用效率，增加单位耕地面积碳排放量；粮食播种面积占农作物总播种面积的比例升高时，稻田甲烷排放增加进一步拉高耕地碳排放；复种指数对于耕地碳排放总量的影响存在不同情况，一般而言复种指数增高能够增产进而增加碳排放，但过高时不利于土壤肥力恢复，进而导致作物产量下降。

具体分解公式如下：

$$\frac{EC}{A_a} = \frac{E_c}{O_A} \times \frac{O_A}{A_g} \times \frac{A_g}{A_s} \times \frac{A_s}{A_a} \qquad (4-1)$$

$$E_c = I_{ce} \times O_e \times S_p \times I_{mc} \qquad (4-2)$$

式中，EC 为耕地利用碳排放量，单位为千吨；A_a 为耕地面积，单位为千公顷；O_A 为农业总产值，单位为亿元；A_g 为粮食播种面积，A_s 为农作物播种面积，单位均为千公顷。E_c 为单位耕地面积碳排放，单位为吨/公顷；I_{ce} 为农业产值的碳强度，以下简称耕地利用碳强度；O_e 为耕地产出效益，用单位粮食播种面积的农业产值表征，反映粮食播种活动的经济产出；S_p 为种植结构，用粮食播种面积与农作物播种面积的比值表示；I_{mc} 为复种指数，其含义为耕地一年内的耕作次数。

3. 基于 Kaya 恒等式的 LMDI 模型分解方法

碳排放分解的技术方法主要有两种，即结构分解法（structural decomposition analysis，SDA）和指数分解法（index decomposition analysis，IDA），IDA 利用部门总和数据，更易于进行时间序列分析和区域间的比较。LMDI 由洪明华（Ang，2004）提出，其优点是全分解、无残差，适用于多行业的碳排放影响因素分析（刘博文等，2018；张旺等，2013），且加法分解与乘法分解结果具有一致性，可以相互转化，能够用于进一步分析 Kaya 恒等式分解出的影响因素。本章使用 LMDI 模型对耕地利用碳排放影响因素进行分析。加法分解如下：

$$\Delta E_c = E_c^T - E_c^0 = \Delta I_{ce} \times \Delta O_e \times \Delta S_p \times \Delta I_{mc} \qquad (4-3)$$

$$\Delta I_{ce} = \frac{E_c^T - E_c^0}{\ln E_c^T - \ln E_c^0} \times \ln \frac{I_{ce}^T}{I_{ce}^0} \qquad (4-4)$$

$$\Delta O_e = \frac{E_c^T - E_c^0}{\ln E_c^T - \ln E_c^0} \times \ln \frac{O_e^T}{O_e^0} \qquad (4-5)$$

$$\Delta S_p = \frac{E_c^T - E_c^0}{\ln E_c^T - \ln E_c^0} \times \ln \frac{S_p^T}{S_p^0} \qquad (4-6)$$

$$\Delta I_{mc} = \frac{E_c^T - E_c^0}{\ln E_c^T - \ln E_c^0} \times \ln \frac{I_{mc}^T}{I_{mc}^0} \qquad (4-7)$$

式（4-3）中，ΔE_c 为 t 期耕地利用碳排放总量 E_c^T 和初期耕地利用碳排放总量 E_c^0 的差值，即碳排放增量。ΔI_{ce}、ΔO_e、ΔS_p、ΔI_{mc} 分别为耕地利用碳强度、单位粮食播种面积的农业产值、种植结构、复种指数对单位耕地面积碳排放的贡献量。

4.1.3　数据来源

耕地利用碳排放核算中，投入环节的农用化肥、农膜、农药以及农用柴油的数据来自各年度《中国农村统计年鉴》；投入环节的有效灌溉面积、生长环节的早中晚稻播种面积及收获环节各类作物产量数据来自各年度《中国农业统计资料》。部分缺失数据通过查阅各省统计年鉴进行补全。碳排放核算所使用的各类系数主要参考 2011 年 5 月国家发展和改革委员会印发的《省级温室气体清单编制指南（试行）》和相关学者的研究结果。耕地利用碳排放影响因素分析中，农业总产值、粮食播种面积与农作物播种面积数据均来自《中国统计年鉴》。耕地面积数据来自《中国统计年鉴》和《中国农业统计资料》，并通过各省统计年鉴进行补充。

4.2 耕地利用碳排放的总体特征

4.2.1 耕地利用碳排放总量的时序演变趋势

总体而言，中部粮食主产区近 20 年的耕地利用产生的碳排放呈现上升趋势，碳排放量最高值为 2015 年的 32254 万吨 CO_2e，最低值为 2003 年的 23306 万吨。由图 4-2 可知，从 2000 年的 24209 万吨 CO_2e 到 2019 年的 30153 万吨，年均增长率为 1.16%。耕地利用碳排放经历了三个不同阶段，即缓慢增长期（2000~2002 年）、平稳增长期（2003~2015 年）、平稳下降期（2016~2019 年）。第一阶段，中部粮食主产区耕地利用碳排放量变化幅度较小，碳排放总量由 2000 年的 24209 万吨变化为 2002 年的 24303 万吨。到 2003 年，耕地利用碳排放量明显减少，增长率为 -4.10%。第二阶段，耕地利用碳排放量平稳增加，2003~2015 年总量增加 8948 万吨，年均增长率为 1.85%。第三阶段为 2016~2019 年，耕地利用碳排放量开始下降，且下降速率有提高趋势，同比增长率由 2016 年的 -1.19% 变为 2019 年的 -2.72%。

分省来看，2000~2019 年中部粮食主产区各省耕地利用碳排放量变化与极值点与全区基本保持一致，仅河南极值点略有差别。2006 年以后河南耕地利用碳排放量超过湖南成为最高的省份，按照各年碳排放总量大小排

序，2000～2005年，湖南＞河南＞安徽＞湖北＞江西，2006～2019年，河
南＞湖南＞安徽＞湖北＞江西。五省耕地利用碳排放量的最高点和最低点
基本一致：河南碳排放量最低点在2000年，其他四省最低点均在2003年；
河南碳排放量最高点为2016年的8266万吨，但与2015年的8260万吨相
差较小，五省碳排放量最高点大致集中在2015年。具体来看，安徽和河南
碳排放量变化相同，江西、湖北、湖南三省碳排放量变化类似。

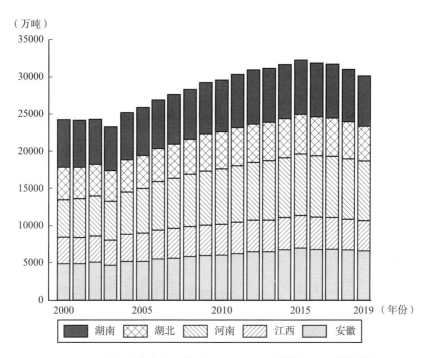

图4－2 中部粮食主产区各省2000～2019年耕地利用碳排放量

究其原因，2003年非典疫情肆虐和大范围的洪涝、高温等自然灾害影响
了作物管理与生产，中部粮食主产区农作物播种面积下降了0.42%，粮食产
量降幅达11.28%，直接影响了投入、生长以及收获三个环节的碳排放，
2003年成为研究期内碳排放量的最低点。2003年之后，国家聚焦农业发展的
薄弱环节进行完善与强化。2004年的中央一号文件聚焦"三农"问题，提出
加强主产区粮食生产能力，着力支持主产区，特别是中部粮食产区重点建设

旱涝保收、稳产高产基本农田，实施沃土工程和推广先进适用技术等，中部粮食主产区农作物播种面积稳步提升，粮食产量持续增长，这一时期耕地利用碳排放量也逐年增加。2015 年及以后，《全国农业可持续发展规划（2015—2030 年）》《到 2020 年化肥使用量零增长行动方案》《到 2020 年农药使用量零增长行动方案》等陆续出台，提出大力发展低碳农业、提高资源利用效率、化肥农药使用量零增长行动等，耕地利用碳排放量开始逐年回落。

4.2.2 耕地利用碳排放结构的时序变化特征

中部粮食主产区的耕地利用碳排放各环节分布较为平均，投入、生长、收获环节碳排放量占碳排放总量的比例为 20% ~ 40%，投入环节碳排放最低，如图 4 - 3 所示。2000 ~ 2013 年，生长环节碳排放占比最高，具体表现为：生长 > 收获 > 投入；2014 ~ 2019 年，收获环节占比超过生长环节，表现为：收获 > 生长 > 投入。

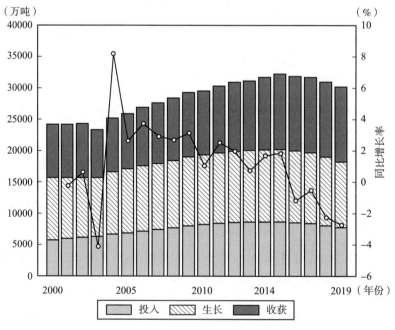

图 4 - 3 中部粮食主产区 2000 ~ 2019 年耕地利用各环节碳排放量变化

由图 4 - 3 可知，耕地利用不同环节的碳排放量变化与总量的变化相似，20 年间碳排放量最高点与最低点接近，但投入环节碳排放未在 2003 年出现突降。就数量而言，投入环节碳排放量占比在 24% ~ 28% 之间，2010 年占比最高；生长环节碳排放占比在 34% ~ 41% 之间；收获环节碳排放占比在 32% ~ 40% 之间。就变化趋势而言，20 年间，投入环节碳排放整体趋势为先增长后降低，与总量变化略有差别，2003 年未出现最低点。这一环节碳排放占比经历了快速上升（2000 ~ 2003 年）、缓慢上升（2004 ~ 2013 年）、平稳下降（2014 ~ 2019 年）的过程。生长环节碳排放经历了缓慢下降（2000 ~ 2003 年）、平稳上升（2004 ~ 2015 年）、快速下降（2016 ~ 2019 年）三个过程，最高值为 2015 年的 11511 万吨。2003 年生长环节碳排放占比上升，主要是由于 2003 年耕地利用碳排放总量因粮食减产出现明显下降，而土壤氧化亚氮排放主要来自肥料投入，因此受影响程度较低。收获环节碳排放占比增长至 2003 年突降，2003 ~ 2019 年波动中上升，并在 2014 年占比超过生长环节。收获环节碳排放量受 2003 年作物产量下降影响明显，秸秆焚烧与还田引致的碳排放相应减少。

2003 年气候灾害造成河南、安徽等地玉米、水稻大幅减产，对秸秆处理影响较大，进而使得收获环节碳排放降低。投入和生长环节碳排放量与全生命周期碳排放总量变化大致相同，都经历了先升后降的过程，而收获环节碳排放没有进入明显下降阶段且逐步超越其他两个环节成为碳排放占比最高的环节。结果表明，2014 年后小麦、水稻和玉米等作物秸秆处理产生的碳排放超出作物生长过程中的碳排放，亟须进行有针对性的碳管理。

4.2.3　耕地利用碳排放结构的分省演变趋势

图 4 - 4 为中部粮食主产区各省 2000 ~ 2019 年耕地利用碳排放结构变化情况。

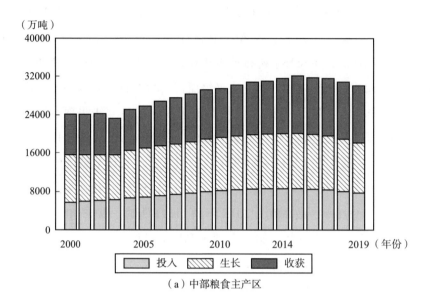

（a）中部粮食主产区

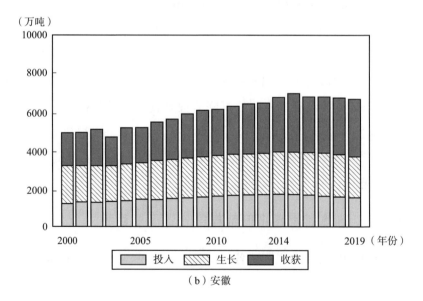

（b）安徽

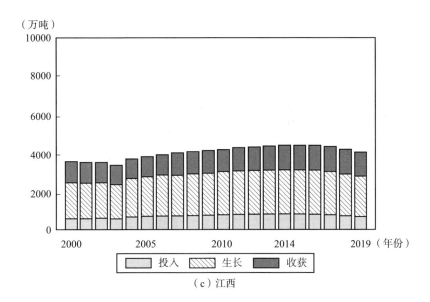

（c）江西

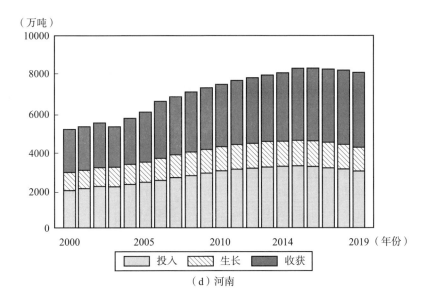

（d）河南

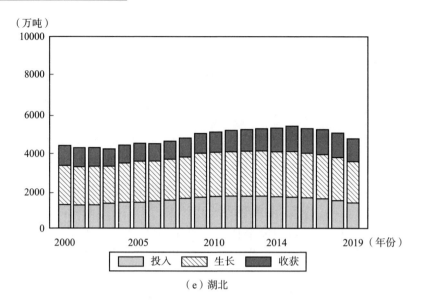

（e）湖北

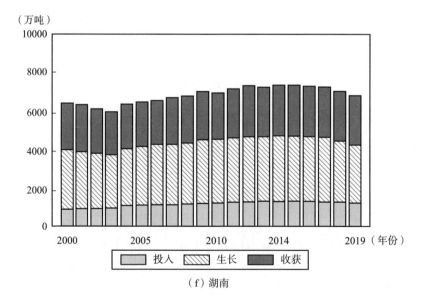

（f）湖南

图 4 - 4　中部粮食主产区各省 2000 ～ 2019 年耕地利用碳排放结构变化

可以根据不同耕地利用环节碳排放占比特征的异同将五省分为三类：第一类为安徽与湖北，特征是各环节碳排放占比接近。其中安徽投入环节碳排放占比最低且先升后降，在 23% ～29% 的范围内波动；生长环节和收获环节碳排放占比波动但差距不大。而湖北收获环节碳排放占比较低，表现为：生长＞投入＞收获。第二类为江西与湖南，特征是投入环节碳排放占比显著低于其他两个环节。江西和湖南的碳排放表现为：生长＞收获＞投入，但江西各年碳排放结构变动幅度较小，投入环节占比集中在 16% ～20% 之间，生长环节和收获环节占比分别在 51% ～53% 与 28% ～32% 之间波动；湖南投入环节的占比逐渐增高，但始终低于 20% ；生长和投入环节占比分别在 44% ～48% 与 36% ～40% 的范围内波动。第三类为河南，特征为生长环节碳排放占比明显最低。河南生长环节碳排放占比远低于投入和收获环节，收获环节各年占比大多高于投入环节。

各省不同耕地利用环节碳排放占比受到多方面因素影响。如种植制度，五省中仅河南生长环节碳排放占比最低，主要是由于河南种植制度为单季稻，因此，稻田甲烷排放较少。再如种植作物种类与农业生产资料投入。农用化肥施用是投入环节碳排放的主要来源，而不同作物所需的化肥量各有差异。江西和湖南单位播种面积的农用化肥施用量在 20 年间均低于 300 千克/公顷，故其投入环节碳排放占比最低；而河南与湖北这一指标高于 300 千克/公顷甚至超过 400 千克/公顷[①]。

4.3　耕地利用碳排放的影响因素分析

4.3.1　中部粮食主产区耕地利用碳排放的影响因素

基于 LMDI 模型对 2000 ～2019 年中部粮食主产区的耕地利用碳排放影

---

① 数据来自《农村统计年鉴》和《中国统计年鉴》。

气候变化与农业可持续发展

响因素进行分解，分解结果如表4－2所示。依据前文碳排放总量变化规律，分别对碳排放量缓慢增长期、平稳增长期、平稳下降期三个阶段的耕地利用碳排放影响因素进行分析。

表4－2　　　　2000～2019年耕地利用碳排放影响因素加法分解

年度区间	碳排放变化（吨/公顷）				各因素贡献率（％）			
	ΔI_{ce}	ΔO_e	ΔS_p	ΔI_{mc}	ΔI_{ce}	ΔO_e	ΔS_p	ΔI_{mc}
2000～2001	－0.5845	0.9771	－0.2668	－0.1304	12540.76	－20962.70	5724.24	2797.70
2001～2002	－0.1829	0.2381	0.1949	－0.2019	－379.56	494.18	404.45	－419.07
2002～2003	0.4213	－0.6587	－0.1987	0.1308	－138.08	215.85	65.10	－42.87
2003～2004	－2.5180	3.0628	0.0802	0.3013	－271.86	330.68	8.66	32.53
2004～2005	－0.3634	0.3835	0.1272	0.1185	－136.76	144.30	47.87	44.59
2005～2006	－0.7629	1.0350	0.1625	－0.0039	－177.13	240.30	37.74	－0.90
2006～2007	－1.4750	1.9619	0.3001	－0.4526	－440.97	586.56	89.72	－135.31
2007～2008	－1.5589	1.7949	－0.0954	－0.2633	1270.83	－1463.26	77.79	214.64
2008～2009	－0.7410	0.9285	0.0493	－0.6546	177.35	－222.22	－11.81	156.67
2009～2010	－2.5436	2.6028	0.0704	－1.0577	274.07	－280.45	－7.58	113.97
2010～2011	－0.9734	1.1743	－0.0930	1.2586	－71.24	85.94	－6.80	92.10
2011～2012	－0.9629	1.1174	0.0042	－0.0643	－1019.10	1182.67	4.45	－68.02
2012～2013	－0.6557	0.6571	0.0101	－0.8486	78.33	－78.49	－1.21	101.37
2013～2014	－0.4697	0.5577	0.0464	－0.8072	69.82	－82.90	－6.90	119.98
2014～2015	－0.7729	0.1839	0.7708	0.0504	－332.93	79.21	332.01	21.70
2015～2016	－0.0474	0.6894	－0.7938	0.0143	34.47	－501.21	577.12	－10.39
2016～2017	0.4404	－1.2457	0.8056	－0.0600	－737.06	2084.94	－1348.29	100.41
2017～2018	－0.7998	0.6481	－0.0619	－0.0049	366.02	－296.61	28.35	2.24
2018～2019	－1.3254	1.2342	－0.1783	0.9715	－188.79	175.80	－25.40	138.38
2000～2002	－0.7687	1.2172	－0.0724	－0.3326	－1766.08	2796.78	－166.43	－764.27
2003～2015	－12.8781	14.3853	1.3699	－2.2053	－1917.13	2141.49	203.93	－328.30
2016～2019	－1.7170	0.6468	0.5774	0.9166	－405.16	152.63	136.25	216.29
2000～2019	－15.2728	16.6131	0.8976	－1.5415	－2193.23	2385.70	128.90	－221.37

表 4 - 2 中的数据表明，耕地利用碳强度和复种指数对单位耕地面积碳排放起抑制作用，耕地产出效益与种植结构起促进作用。2000～2019 年中部粮食主产区单位耕地面积碳排放由 11.77 吨/公顷增长到 12.47 吨/公顷，增加了 0.6964 吨/公顷，其中耕地利用碳强度和复种指数所引起的单位耕地面积碳排放减少分别为 15.2728 吨/公顷和 1.5415 吨/公顷，对此变动的贡献率分别为 - 2193.23% 和 - 221.37%；单位粮食播种面积的农业产值引起单位耕地面积碳排放增加 16.6131 吨/公顷，贡献率为 2385.70%，种植结构引发单位耕地面积碳排放增加 0.8976 吨/公顷，贡献率为 128.90%。

耕地利用碳强度与单位粮食播种面积的农业产值表现为强作用，复种指数表现为以抑制为主的波动变化，种植结构作用比较微弱。耕地利用碳强度抑制作用在耕地利用碳排放总量变化的三个阶段有差异，在第一阶段（缓慢增长期）和第三阶段（平稳下降期）的抑制作用不明显，在第二阶段（平稳上升期）则表现出明显的抑制作用，这一阶段农业产值增速快于耕地利用碳排放，单位产值产生的碳排放量降低，抑制作用显著。复种指数以抑制作用为主并不断波动，主要是因为复种指数增高时，单位耕地面积的投入与产量增加，碳排放量也随之增加；但当复种指数过高时，土地肥力下降导致碳排放量减少，对碳排放表现为负向影响。耕地产出效益与种植结构表现为正向影响，且单位播种面积的产值影响更为明显。耕地利用碳强度和耕地产出效益对单位耕地面积碳排放的影响，在各细分年度区间表现出相反的作用。但前者引起的单位耕地面积碳排放减少量的绝对值低于后者引起的单位耕地面积碳排放增加值，表明耕地利用碳强度虽对碳排放产生抑制，但无法抵消耕地产出效益带来的促进作用。

4.3.2　耕地利用碳排放影响因素的分省差异

由表 4 - 3 和图 4 - 5 可知，2000～2019 年中部粮食主产区 5 省中，安徽、河南、湖南单位耕地面积碳排放增加，而江西与湖北则出现下降，不同影响因素对单位耕地面积碳排放的影响作用大致相同。

表 4 - 3 　　　　　　　2000 ~ 2019 年各省耕地利用碳排放影响因素分解

省份	ΔI_{ce}	ΔO_e	ΔS_p	ΔI_{mc}	ΔE_c
安徽	- 1. 1085	1. 2775	0. 2220	- 0. 3475	0. 0435
江西	- 1. 9834	2. 0279	0. 1845	- 0. 3220	- 0. 0930
河南	- 0. 8961	1. 1479	0. 0557	0. 0197	0. 3271
湖北	- 1. 8063	1. 7841	0. 0836	- 0. 3918	- 0. 3304
湖南	- 2. 6408	2. 8955	- 0. 1760	0. 1615	0. 2402

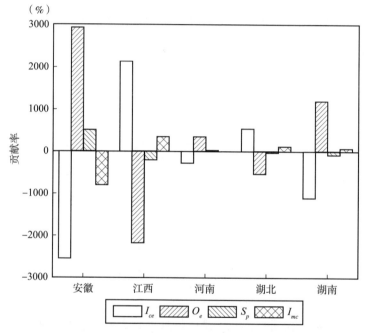

图 4 - 5 　各省耕地利用碳排放影响因素加法分解贡献率

依据表 4 - 3，从影响方向上看，耕地利用碳强度与单位粮食播种面积的农业产值在 5 省的作用方向相同，前者表现为强抑制作用，后者表现为强促进作用；而种植结构在湖南表现为抑制作用，在其他 4 省表现为弱促进作用；复种指数在河南与湖南表现为极弱的促进作用，在其他 3 省则为弱抑制作用。安徽、江西、湖北各影响因素对单位耕地面积碳排放的作用方向与作用强度顺序一致。河南碳强度对单位耕地面积碳排放表现为负向影响，其他三个因素则表现为正向影响，其中耕地产出效益对单位耕地面积碳排放的促进作用最明显。湖南碳强度与种植结构对单位耕地面积碳排放表现为抑制作用，但种植结构的作用较弱，耕地产出效益与复种指数表现为促进作用。

如图4-5所示，从影响强度上看，不同影响因素对单位耕地面积碳排放的贡献率在安徽、江西、湖南差距较大，在河南、湖北差距较小。耕地利用碳强度对单位耕地面积碳排放都表现为明显的抑制作用，且在不同的省份抑制程度略有差别，对单位耕地面积碳排放变动的贡献比例排序为：安徽 > 江西 > 湖南 > 湖北 > 河南。耕地产出效益表现为较强的促进作用，对本省单位耕地面积碳排放变动的贡献比例排序为：安徽 > 江西 > 湖南 > 湖北 > 河南。种植结构在安徽、江西、河南、湖北表现为正向影响，对本省单位耕地面积碳排放变动的贡献比例排序为：安徽 > 江西 > 湖北 > 河南；在湖南表现为负向影响，即粮食种植比例增加对单位耕地面积碳排放起到一定的抑制作用。复种指数在安徽、湖南、湖南表现为促进作用，而在江西、湖北表现为抑制作用，推测原因是江西和湖北的耕地复种指数较高，保持在200%以上，而其他三个省份复种指数在各年多低于200%，过度利用耕地会导致耕地本身肥力下降。

4.4　结论与启示

本章基于生命周期理论，将耕地利用碳排放的全过程分为农业生产资料投入、农作物生长、农作物收获三个环节，核算获得2000~2019年中部粮食主产区各生产环节耕地利用碳排放量与结构特征。接着运用LMDI模型对单位耕地面积碳排放的影响因素进行分解。分析得出以下结论：

（1）2000~2019年，耕地利用碳排放最低点和最高点分别出现在2003年和2015年，峰值约为32000万吨CO_2e，经历了缓慢增长、平稳增长、平稳下降三个时期。区内各省耕地利用碳排放变化趋势与全区类似，碳排放最低点和最高点除河南外，出现的年份相同。

（2）中部粮食主产区耕地利用投入环节碳排放占比最低，碳排放结构在 2014 年出现拐点，碳排放占比最高环节在此之前为生长环节，此后转变为收获环节。分省看不同环节碳排放占比情况，生长环节产生碳排放占比最高，但河南生长环节占比最低；收获环节碳排放占比在湖北低于投入环节，在其他四省则高于投入环节。

（3）中部粮食主产区，耕地利用碳强度和复种指数对单位耕地面积碳排放表现出抑制作用，单位粮食播种面积产值和种植结构则表现为促进作用，但复种指数和种植结构的作用强度较弱。

（4）在不同省份，单位耕地面积碳排放影响因素的作用方向略有不同，种植结构仅在湖南表现为抑制作用；复种指数在江西、湖北表现为抑制作用，在安徽、河南、湖南表现为促进作用。

基于上述研究结论，可以得到以下启示。

对耕地利用活动碳排放进行全程精准监管与长期跟踪研究，落实耕地利用碳减排措施。尽快引入大数据、人工智能等新兴技术，推动农业生产数字化改造，为农业生产生活方式绿色转型奠定坚实基础。加快耕地多层级治理的管理模式创新，对粮食主产区的管理既要有中央统筹，推进出台粮食安全与农业碳减排双赢的顶层设计，又要有地方政府贯彻实施，将政策目标落实到具体的降碳措施上。

耕地利用碳管理需要从不同环节进行全生命周期管控，提高降碳效率。如在投入环节，提高耕地利用活动中的资源利用率，充分利用现代化农业技术，做到精准施用，同时研发推广新型肥料产品并推广高效施肥技术，提高肥料利用率。在生长环节，做到强化稻田水分管理，因地制宜推广稻田节水灌溉技术，减少甲烷生成并提高土壤固碳潜力。在收获环节，科学推进秸秆变肥料还田和秸秆变能源降碳，多措并举降低农作物生长和收获环节的碳排放。

从土地利用到耕地利用，聚焦于耕地利用的直接影响因素与具体减排措施。在耕地产出效益方面，不断提高农业资源循环利用水平，促进低碳农业发展，实现耕地产出效益增加同时减少单位耕地碳排放。在种植结构方面，要优化农作物播种结构。当前种植结构调整增加了单位耕地面积碳排放，因此未来需要进一步促进农田资源高效利用和增强农田固碳增汇能力，增强粮食生产和碳减排的协同效应。

第5章

农业生产主体对气候变化的认知
及适应行为

随着气候的变化和气候变化要素的波动性增强，农业生产的风险也愈加明显，基于粮食安全的重要性，人们越来越关注粮食生产过程中对气候变化的适应。对气候变化的认知是农业生产主体采取适应策略的重要前提。农户是感知气候变化的最直接的生产主体，也是气候变化适应性行为的实施者和受益者。许多学者的研究表明，大部分农户能够认知到气候变化的发生，云雅如等（2009）、侯向阳等（2011）的研究都表明，农户能够感知气候变化并能准确预测气候变化的趋势。王全忠等（2014）的研究也发现，农民对温度的变化认知较为准确。由于气候变化是一个复杂的过程，尤其是极端气候事件更是具有复杂的形成因素，而受农户个体特征的影响，对气候变化的认知也存在差异。有研究表明，农户文化水平、是否参加过技术培训也会影响对气候变化的认知水平。

农户对气候变化的认知差异和适应行为影响对气候变化的适应能力和适应行为的实施效果。认知与适应行为之间存在内生性的关联，对气候变化的认知越强烈，越可能采取适应行动，李西良等（2014）对天山牧区农牧民行为的研究证实了这一点。要想有效应对气候变化，了解农户对气候变化的认知情况及其适应行为非常重要。

农户并非农业生产的单一主体，事实表明，政府在为农业提供公共产品的过程中对农业生产发挥着至关重要的影响作用，是农业生产和应对气候变化的重要相关主体。农户对气候变化的适应性选择行为在一定程度上也影响政府部门应对气候变化的决策者的行为，因为许多与此相关的公共产品是由政府提供的。实际上，受限于经济发展水平和层次，广大农村地区社会经济基础较为薄弱，公共基础设施及应对气候变化风险的措施都较为缺乏，因而面对气候变化的表现是脆弱的。由于存在市场失灵，政府的作用更加重要。而且相关研究也表明，在应对气候变化的行动中，除了适应技术外，适应策略越来越受到重视，这就为政府公共职能的发挥提供了空间。政府参与气候变化的适应行为是基于三个假设，即政府能够克服私人适应的信息不对称、克服气候变化应对的外部性和克服私人适应的集体行动障碍。但是在现实中，政府采取的公共适应措施仍然是由人实施的，而且都是一种经济决策行为，仍然面临应对决策的成本效益抉择，尽管其中增加了对社会成本和利益的考量。因此，公共适应的决策者即政府工作人员对气候变化的认知和适应行为也是非常重要的。

农户是农业生产及气候变化适应行为的微观决策主体，研究农户适应行为对于政府制定科学的气候变化适应及农业发展政策具有重要的指导意义。基层政府是农业生产和气候变化适应行动的重要参与者，也是农户适应行为的影响者，研究政府工作人员对气候变化的认知和适应行为及其影响因素对于了解政府决策模式非常重要。

本书利用调查数据，从微观视角考察农户及政府工作人员适应气候变化行为及其影响因素，从多角度分析适应气候变化的决策模式，为制定适应气候变化的由上而下的政策指引和由下而上的影响反馈的管理参与机制提供借鉴。本书基于对农户的调研，分析气候变化认知及实施适应行为的农户的差异化特征，在此基础上分析农户对气候变化的认知和行为对粮食产量的影响，探讨影响农户气候变化认知和适应行为的影响因素，为提高农业生产对气候变化的适应能力、制定相应的政策提供实证基础。

5.1 气候变化适应行为的影响因素

　　气候变化对农业的影响是一个长期复杂的过程，农业对气候变化的适应也是一个不断提高并逐步完善的过程。农业适应气候变化措施选择的激励来自这种选择可以有效降低气候变化对农业发展的影响和制约。从生产的角度看，农户作为农业生产的主体，在应对气候变化的措施选择方面发挥着主导作用。许多学者对适应气候变化措施和农业技术的选择进行了研究。赵丽丽（2006）从可持续的角度分析了技术的扩散包括技术的充分供给和技术的传播与采用两个联系的环节，从技术的传播和采用环节看，适应气候变化的技术选择受到经济环境、社会环境、自然环境等外部宏观因素和农户的年龄、受教育程度、农户对待风险的态度、农户的经济状况等微观因素的影响。廖西元等（2008）通过研究发现，影响稻农采用节水技术的因素包括农户人均收入、种稻规模以及年降雨量、灌溉费用等自然因素和经济因素。刘珍环等（2013）基于对黑龙江省宾县的调查，从气象要素和自然灾害两个方面，分析了自然环境变化对农户作物选择的影响及农户种植行为的适应机制。吴婷婷（2015）对南方水稻主产区进行了实地调研，分析了气候变化背景下农户种植行为的适应机制及其影响因素，模型结果显示，户主性别、受教育年限、家庭规模、收入结构、种植规模、社会资本、气象信息和农技服务等因素对农户适应气候变化行为具有显著影响。赵肖柯等（2012）通过对江西省1077个种稻大户的调查，分析了种稻大户对新技术认知水平的影响因素，认为影响农业技术是否被采用的因素可分为农户自身特征因素和外部环境因素。毕茜等（2014）对重庆336户农户进行了统计分析，将影响农业应对气候变化的适应行为选择的因素归纳为技术供给能力、技术使用效益、技术采用环境因素以及农户家庭及其生产特征等。

　　从现有的研究和实践看，农业适应气候变化的措施包含政策性措施和技术性措施，全部的政策性措施制定和选用以及部分技术性措施的选择是政府和农户共同决策的结果，现有的研究多以农户为视角分析影响因素，很少基于政府视角进行研究，这弱化了政府在应对气候变化措施方面的作用。中国的农业生产处于从传统的小农生产模式到规模化生产的转型阶段，许多农业政策和技术的产生及采用仍然受到政府的影响，政府在规划农业发展、制定农业产业政策并实施积极的管理、应对自然灾害、为农业提供必备的基础设施和生产补贴方面具有不可替代的作用，因而农业的生产决策以及适应气候变化的措施选择是农户、农业经济组织和政府共同参与的结果。

5.1.1　影响气候变化适应行为的技术因素

1. 技术的资源禀赋

农业领域应对气候变化的适应技术选择依赖于农业自身进步带来的耕作方式进步以及全社会所能供给的技术资源禀赋。速水佑次郎和拉坦（2000）通过研究美国和日本的案例发现，要素的禀赋和价格诱致了技术的变迁。林毅夫（1990）也认为在农业技术的选择和应用过程中，资源禀赋决定了技术变迁的方向。现代农业技术体系的进步表现在以生物技术为基础的种子技术、以化学合成手段为基础的肥料技术乃至以机械化为代表的耕作技术的进步，是社会经济发展和技术进步的结果。气候变化会改变原有的农业生产条件，导致部分生产要素相对稀缺，为稳定原有的生产基础，减少波动性，便产生了对新的适应技术或者新增要素投入的需求，而这种需求的满足必须在资源禀赋允许的前提下才能实现。常向阳等（2005）通过研究发现，要素禀赋对农业的适应选择具有重要影响，刘华民等（2013）通过对乌审旗农牧业区的研究发现，限制农牧民采取适应措施的主要因素是资金匮乏，其次为水资源短缺和缺乏技术。因此，技术及资源禀赋的丰裕度决定了气候变化适应措施的可选择性。

2. 技术有效性及成本—收益比较

人类适应气候变化手段的选取受到技术的有效性和成本—收益的影

响，经济效益仍然是影响农户选择行为的主要因素。在市场经济条件下，当一种应对手段的调节能力达到其极限时，便会被其他类型的手段所替代。在极端气候条件下，如严重的干旱、水涝灾害以及严重沙化地区，恢复农业生产的措施和技术手段达不到恢复稳定生产的需要或者所获收益不能涵盖投入成本的时候，人们就可能选择放弃转而迁徙到宜居地带或转而从事其他产业，这也是一种被动的适应过程。吴婷婷（2015）的研究发现，在应对气候变化的影响时，有农户没有采用任何适应措施的首要原因是适应成本较高。成本—收益准则也是应对气候变化的适应性技术或措施选择的重要影响因素，适应气候变化行为的选择必须遵循投入产出的经济性原则，不考虑经济性原则的投入不具可持续性。

5.1.2 影响气候变化适应行为的外部因素

1. 政府作用的影响

从农户的视角看，影响适应气候变化措施选择的外部影响因素通常包括政府的作用、社区或基层组织、天气变化及自然因素等。政府在气候变化适应行为的选择中通常是以提供政策条件、创设或执行制度、提供财政投入以及组织保障等面目出现的，但是由于这些条件发挥的是基础性、关键性的作用，因而政府实际上是适应气候变化行为选择的主体之一。有学者认为，农业适应气候变化是关系全局的问题，需要政府创设有利的公共政策条件并提供相应的财政投入支持。韩青和谭向勇（2004）、刘晓敏和王慧军（2010）均认为政府扶持对农业灌溉技术选择有重要影响。除此之外，国鲁来（2003）认为，在适应技术的选择过程中，组织保障发挥了重要作用。为农户提供关于气候变化的知识和技术的培训是政府的公共职能。曹建民等（2005）对农民参与技术培训行为和采用新技术的意愿进行了分析，认为技术培训可以极大地激发农民采用新技术的愿望，对农民技术采用意愿有重要影响。此外，应对气候变化的灾害预警机制、保险补偿机制等也被视为政府应该提供的服务内容。高雷（2010）认为，农业保险以及农业技术推广体系都是农户技术采纳行为的重要影响因素。气候变化是大的时空和尺度的自然变化，只有政府具备组织应对如此宏大事件的能力，这是因为只有政府才具备统筹并制定应对气候变化的宏观政策以及利用行政力量在较大的范围内集中应对某些突发性气候变化事件的能力。此外，政府掌握充分的社会资源，可以通过不断的财政投入，为社会提供不具备比较利益的应对气候变化的基础设施和公共服务体系。吴婷婷（2015）认为，提高农户适应气候变化的能力宜从政府政策和农户自身两方面着手，从根本上提升应对自然风险的能力。

2. 基层组织的作用

政府主导的选择模式是以完全信息为基本假设前提的，但是我国农村气候的区域性特点的差异性使数据的获得成为政策制定和相关研究难以开展的瓶颈，政府对于农民的激励措施的有效性方面受到质疑。转变政府主导的选择模式，调动农村微观主体在适应气候变化方面的作用存在两种形式：一种是自上而下的区域化；另一种是自下而上的地方主义。前一种是政府权力在政策执行中在空间和行政层级的分权；后一种是在具有共同特点和利益的区域内，内生的农村社区的自我组织。对村民与政府协商解决草原退化的行动研究表明，村民的参与是提高政策实施效率的有效途径。对河南粮食主产区农民对待农田防护林网的研究表明，政府的有效实施和农民的有效参与缺一不可。实际上，社区这一组织在 20 世纪 80 年代就已经成为农业和农村发展中的关键机构，是一种注重民主参与、兼顾公平发展的重要形式。

农民是应对气候变化、促进农村生态环境改善的亲身参与者和利益相关者。有研究认为在与其切身利益相关的领域，多种模式的社区或地方自主治理制度是一种低交易成本和高效率的制度选择。从社会资本要素的角度看，积累社区自主治理组织的社会资本能够提升自主治理组织成员之间的信任度，从而破解公共事务自主治理的制度供给困境。通过向下赋权，可以形成以社区为主导的管理模式，从而激发社区的自主性和发展动力。农村社区自主治理模式避免了政府信息不完全这一制度缺陷，通过整合农民的力量，以可持续发展的方式管理他们所处的环境，提出风险最小化利用的技术选择方案。包括传统文化、社区制度、社区组织、社区信任、民间规范和社区联系等在内的社会资本，成为公共事务自主治理效率提高的核心要素，成为最优化行为选择的基础。高雷（2010）分析了农户技术采纳行为的影响因素，认为农村文化、农户价值观念、农户所处社会阶层、农村基层组织等都是农户技术采纳行为的重要影响因素。农村气候脆弱性问题特征以及我国农村组织的结构特点，决定了社区自治主导的选择模式是农村应对气候变化不可或缺的有效模式之一。湖南省浏阳市葛家乡金塘村村民的环保自治组织在对涉及重大事件的决议召开听证会、重视集体讨论和村代会的召开方面总结了许多具有推广意义的经验。

5.1.3　影响气候变化适应行为的农户自身因素

农户是农业生产资源的直接占有者和使用者，是适应气候变化行为的选择主体之一。农业技术的选择直接决定农业生产对生态环境的影响，许多学者从农户角度研究了行为选择的影响因素，这些因素包括农户的禀赋差异、经营规模等。研究表明，农户行为受到农户自身禀赋的影响，同时也受到技术采用的收益和成本、与技术采用相关产品的价格和销售等因素的影响，因而农户在选用新技术时存在明显的趋利避害动因。苟露峰等（2015）认为，除了耕地面积外，受教育程度、农业技术的培训以及农业技术的盈利性对家庭农场经营者技术选择行为有重要影响。董鸿鹏等（2007）研究了农户技术选择行为的影响因素，认为农户收入水平、耕地禀赋程度、决策者自身文化程度等对其选择行为有重要影响。

1. 对气候变化的认知

一种适应气候变化的技术或措施的采用通常会经历感知/认知、说服、评价、试用和确认五个阶段，在这一过程中任何一项措施采用都与实施主体密切相关。气候变化认知是影响农户适应决策的关键因素。公众对气候变化的认知差异和适应行为会影响人类的适应能力和有关适应计划的执行效果。刘珍环等（2013）认为，农户对自然环境变化的认知与实际趋势是否一致，会影响农户是否主动改变作物类型。气候变化认知与适应之间的关系并非简单的线性关系。吕亚荣和陈淑芬（2010）对山东德州的研究发现，农户的适应行为选择并不仅仅依赖于气候变化认知，还受其他因素的影响。赵肖柯等（2012）通过对江西省1077个农户的调查表明，受教育水平、家庭收入水平和种植规模对种稻大户的新技术认知有显著影响，信息的来源渠道也会显著影响种稻大户对新技术的认知。陈亚兰（2014）的研究表明，气候变化认知与行动意愿程度显著相关，认知越高，农村居民越趋向于在气候变化中付诸个人行动，其中性别、学历是影响农村居民气候变化认知的主要因素。德尔萨等（Derssa et al.，2009）通过研究发现，缺乏适应信息、资金限制是造成适应困难的两个主要障碍。

2. 知识层次或受教育水平

农户的知识水平影响其对气候变化适应措施的选择与决策，通过正式的教育可以提高农户对于新技术的理解和接受能力，提高农户采用可持续农业技术的可能性。林毅夫（1994）研究发现，农户的受教育水平对其采用适应技术具有显著的统计效应。刘华周等（1998）、孔祥智等（2004）发现，受教育程度对技术采纳具有显著的正向影响作用。

3. 决策者的风险意识与年龄

从行为偏好和对待风险的态度看，农户可以分为风险偏好型、风险规避型和中庸型。农户是否应用气候变化适应技术以及应用程度与农户避险类型和风险意识有很大关系。风险偏好型以好年景的收益状况来决策，在农业生产中倾向于应用多种技术和措施，风险规避型农户以坏年景的状况来决策，尽量减少新技术和措施的使用，中庸型农户介于两者之间，应用技术时遵循边际收益和边际成本相等的原则。此外，农业生产决策者的年龄与其知识层次和风险意识有关，年轻人更善于采用新的生产技术。孔祥智等（2004）的研究发现，农户决策者的年龄的回归系数比较显著。

4. 农户经营规模

经营规模主要指农户拥有的耕地面积或者养殖的规模。一般认为经营规模越大，受气候变化的影响也越大，农户也更倾向于采用相关措施适应气候变化。林毅夫（1994）经过研究认为，农场的规模和技术采用存在正相关关系。吕美晔等（2004）经过分析得出农户家庭人口数和耕地规模是影响农户采用相关适应措施的重要因素的结论。但是，孔祥智等（2004）对小麦品种和保护地技术的采用过程的研究结论中，经营规模变量并不是一个有效变量。

5. 农户的信息渠道、信息水平

农户对气候变化及其风险的认知程度是其采取适应措施的重要因素，而认知来自农户自身的受教育水平和所接收的信息准确程度与信息量的多少。农户掌握信息的多少和渠道又是影响农户适应措施态度的关键，因为如果没有充分的信息，农户就无法评估该项措施的有效性和风险。从收益角度进行分析，认为农户对采取的措施所带来的利润增加有充分了解才能确定是否采纳。此外，朱希刚（1997）发现，其他农户的信息是农户最重要的信息来源。

6. 农户的经济状况

农户的经济状况主要包括农户的家庭财产、收入状况、劳动力以及土地的机会成本等。可持续农业技术的采纳意味着农户要掌握更多的技能，实施起来一般较复杂。根据诱致性技术变迁理论，资金较充裕的农户偏向于采用资本密集型的可持续农业技术，劳动力较充裕的农户更易于采用劳动密集型的可持续技术。廖西元等（2006）通过研究发现，农业技术人员的指导次数越多、下田越频繁、指导时期越及时、农户的熟悉程度越高、推广内容指导得越好、农户人均收入越高，农业技术推广绩效就越好。黄季焜等（1993）在采用杂交水稻品种问题上认为，充裕的资金能保证生产者不受资金条件的制约，所以经济状况好的农户有能力承担放弃杂交水稻后减少产量带来的损失。孔祥智等（2004）则认为，经济状况最差的农户具有采用可持续农业技术的强烈欲望，而经济状况较好的农户对保护地技术和新品种不感兴趣。这有可能是从事非农业生产活动带来更大收益的原因。此外，朱明芬等（2001）认为，农户的兼业程度也对其技术选择行为存在影响，不同兼业程度的农户在对农业新技术采用的态度、技术偏好、投资力度等方面都存在显著差异。同样，获得信贷的能力越强，资金的供给就越有保障，因此获得信贷的能力和农户的收入状况结合在一起对可持续农业技术的采用发生影响。除了上述因素外，农户的经历、心理特征、所处的地域等对于可持续农业技术的采用均具有一定的影响。

综合既有的研究成果，影响适用行为选择的因素可以归纳为几个方面：一是有效的技术供给，其基本含义是技术的有效性、易用性和后续服务或改进。二是技术的成本—效益，不同的技术选择产生不同的成本，带来的收益也不同，理性的技术选择倾向于低成本高收益。三是农户的家庭及生产特征，包括经营规模、收入水平以及受教育程度或认知水平等。四是政府的角色与作用，包括提供良好的政策环境、技术推广力度、财政扶持、组织保障。五是政府和农户之间的互动关系。有效应对气候变化需要自上而下的政府适应和自下而上的私人适应的有机结合，形成农户—政府—气候变化—行为选择的互动关系。

农业适应气候变化行为的选择应注重政府主导的公共适应作用的发挥，强调政策自上而下的有效性，同时注意微观主体农户私人适应的作用。农业适应气候变化行为的选择过程是主体之间、主客体之间互动协同的过程，脱离气候变化的行为选择不具任何实践意义，脱离农户或政府任何一方的行为选择也缺乏经济效率的可行性。

5.2 气候适应行为对农业生产影响的样本特征

5.2.1 调研区域

适应气候变化是农业生产的重要任务，也是稳定粮食生产的必要前提。分析农业生产主体对气候变化的感知和适应行为具有重要意义。由于中国存在天然的南北地理和气候分界线，即秦岭—淮河分界线，此线的南面和北面，无论是自然条件还是农业生产方式都有明显的不同。在气候方面，秦岭—淮河以北属于典型的暖温带，属半湿润地区，1 月平均气温在 0℃以下，年降水量在 800 毫米以下；秦岭—淮河以南属亚热带，为湿润地区，1 月平均气温在 0℃以上，年降水量在 800 毫米以上。在农业生产方面，秦岭—淮河以北耕作制度为两年三熟或一年一熟，耕地以旱地为主，主要粮食作物以小麦、玉米为主；秦岭—淮河以南耕作制度为一年两熟到三熟，耕地以水田为主，主要粮食作物以水稻、小麦为主。从地理分布上看，13 个粮食主产区沿秦岭、淮河一线进行划分，北方 7 个省份，南方 6 个省份，对于研究粮食主产区气候变化对农业生产特别是粮食生产的影响具有较强的代表性，对于制定适应气候变化的农业生产政策、确保粮食产量稳定具有重要的意义和价值。

河南省位于中国中东部地区，传统的中原地带，是中国 13 个粮食主产区之一。2016 年河南全省耕地面积 10286.2 千公顷，占全国耕地总面积的 9.1%，居全国第二。2016 年全省粮食产量约 5946.6 万吨，占全国粮食总产量的 9.6%，也居全国第二位。在气候特征方面，河南省位于亚热带和暖温带交界地带，气候具有明显的过渡性，变化特征明显[①]。2016 年全省

---

① 千怀遂，魏东岚. 气候对河南省小麦产量的影响及其变化研究 [J]. 自然资源学报，2000，15 (2)：149-154

平均气温为 12.1℃~15.7℃，年均降水量 532.5~1380.6 毫米，年均日照 1848.0~2488.7 小时，适宜作物生长。河南省气候变化的特征主要表现在以下几个方面：一是年平均气温呈现明显的上升趋势，近 50 年来河南全省年平均气温上升了约 0.8℃，但气温的季节性差异较大，冬季平均气温升高明显而夏季平均气温下降趋势较为明显。二是河南省主要粮食作物是小麦和玉米（国家统计局，2019），受气候变化影响明显。研究显示，气候变化对欧洲、东南亚和中国的小麦产量以及中国的玉米产量产生了负面影响，而对东亚的水稻、北美和南美的大豆产量影响较小（IPCC，2014）。三是极端气象灾害频发，自 20 世纪 80 年代中期以来，河南省干旱化程度加重，农业干旱灾害发生的频次和强度呈明显的增强趋势。

综上所述，河南省作为小麦生产大省，其气候变化明显且小麦产量对气候变化非常敏感，成为研究气候变化对农业生产影响的典型地区，具有一定代表性。

5.2.2　样本选择

研究选取河南省小麦种植农户（以下简称"麦农"）为农户研究对象，采用分层非概率随机抽样的方法选择样本。麦农抽样程序由 5 个步骤组成。第一步，选取 6 个市：根据河南地理、气候分布特点，选取安阳、开封、许昌、周口、南阳、信阳 6 个市，大致均匀分布在河南小麦种植区的东、南、西、北、中 5 个方位；第二步，抽取 6 个县：从选取的每个市中随机抽取 1 个县，研究选中了内黄、兰考、长葛、西华、邓州、息县 6 个县；第三步，抽取 18 个乡镇：在选中的每个县随机选取 3 个乡镇；第四步，抽取 18 个村：在选中的每个乡镇随机抽取 1 个村；第五步，在每个选中的村选取 20 家农户。在实际调研过程中，因无法获得准确完整的农户名单，根据农户名单选取也容易遇到选中的农户因各种原因无法完成问卷的情况，调研人员根据实地情况选择农户入户调研，每村完成约 20 份农户问卷。

以政府为代表的公共适应的主要手段是制定适应气候变化的相关政策并执行相关适应措施。县、乡两个层级的地方政府是中国政府层级的最基层，县、乡政府直接面向广大农户，是实施气候变化适应政策的主要行为者，一般将县、乡政府称为基层政府（冯猛，2014）。基层政府对气候变化的认知及适应偏好和能力，会对公共适应政策落地和个人适应措施产生重要影响。因此，选择县、乡政府两个基层政府作为研究对象。

应对气候变化对农业生产的影响是非常复杂的系统工程，涉及农业、林业、水利、国土等众多部门，这些涉农政府部门在决策和实施气候变化适应政策方面发挥重要作用。乡镇政府直接面向广大农户，对接县农业局等涉农政府部门，是贯彻与执行农业气候变化适应相关政策的直接主体。因此，在确定了6个调研县后，每个县都选择县农业局、县林业局、县水利局、县国土局4个部门进行调研；在每个县随机抽取的3个乡镇中，随机选取一个乡镇政府进行调研。最后在选取的30个政府部门中，每个部门选择2名高层管理人员进行问卷访谈。

5.2.3 问卷设计与调查

从农业生产的角度看，农户适应气候变化属于生产决策范畴，包含两方面的内容：一是对农业生产的传统投入要素进行重新配置，改变要素投入比例或组合形式，以适应新环境的改变；二是积极采纳可以抵御或适应气候变化的新技术或新的管理方式，以提高农业适应气候变化的能力。麦农调查问卷的内容分为5个部分：第一部分是家庭的基本情况调查（性别、年龄、受教育程度、小麦种植面积）；第二部分是对气候变化的感知情况（是否意识到气候变化、气候变化的具体表现形式）；第三部分是关于气候变化对农业生产影响的认知（气候变化是否影响农业生产、影响的具体表现形式）；第四部分是气候变化适应措施（是否采取适应措施、实施何种适应措施）；第五部分是对政府未来适应政策的需求。

农户适应气候变化主要经历观察、感知和行动3个递进的阶段，为了准确收集农户实际气候变化适应措施的相关信息，本书采用了结构化问卷。主要询问每个麦农以下 3 个偶发问题，以确保其生产调整是对气候变化的实际反应，而不是由于其他压力（Khanalu，2018）。第一，在过去的 10 年里，你觉得当地的气候状况有什么变化吗？如果是，有什么变化？第二，气候变化对小麦生产有影响吗？如果是，有什么影响？第三，你们是否采取行动来应对气候变化？如果是，采取了什么行动？

基层政府调查问卷的内容包括单位基本情况和气候变化的认知与适应措施两个部分。单位基本情况主要包括员工数量、员工年龄情况、员工学历情况、技术人员情况、员工培训情况。气候变化认知与适应措施主要包括对气候变化的感知、对气候变化影响农业生产的认知、农业适应气候变化措施的选择，以及政府应提供的适应措施的选择。

问卷调查由专业研究人员完成，采用一对一的问卷调查、访谈法等参与式农村评估法（PRA），于 2018 年 9～11 月对农户和基层政府工作人员进行调研。共获取麦农问卷 358 份，其中有效样本 314 份，主要剔除了一些小麦种植面积为 0 的玉米种植户；共获得 30 个基层政府单位问卷 59 份，其中有效问卷 55 份。

5.3　气候变化认知及适应行为的差异分析

本书基于 2016 年对河南省粮食主产区农户和政府工作人员的问卷调查以及同时进行的多次访谈的分析，运用调查数据的描述性统计，分析气候变化认知及实施适应行为的农户的差异化特征，在此基础上运用计量经济模型分析农户对气候变化的认知和行为对粮食产量的影响，探讨影响农户气候变化认知和适应行为的影响因素，为提高农业生产对气候变化的适应能力、制定相应的政策提供实证基础。

5.3.1　农户和基层政府特征的描述性统计

如表 5 - 1 所示，麦农家庭的户主呈现以男性为主、年龄较大、受教育程度较低的特征。麦农家庭劳动力人口占家庭总人口的比例的均值为60%左右，平均人口抚养比为66.7%，意味着劳动力的抚养负担较重。同时约35%的劳动力（主要是年轻劳动力）选择长期外出打工，即不再从事农业生产活动。样本麦农家庭的小麦种植面积差异较大，种植面积超过10亩的麦农只有26.75%，总体而言，大部分农户种植面积偏小。

如表5-1所示，基层政府平均员工人数超过200人，男性员工占比超过70%，40岁以上员工占比52%。技术人员比重为30%，本科及以上学历人员占比为14%，基本没有研究生学历的员工。同时员工参加县级以上培训的机会少，参加过县级以上培训的人员占比为18%。总体而言，基层政府机构在人员数量上较为充裕，以男性员工为主，年龄结构适中，但是存在人力资本水平较低、员工培训不足等问题。

表5-1　　　　　　　　　麦农和基层政府的基本特征

类别	变量	含义	均值	标准差
麦农	性别	户主性别：女=0，男=1	0.28	0.45
	年龄	户主年龄（岁）	55.12	10.42
	文化程度	小学=1，初中=2，高中=3，高中以上=4	1.82	0.77
	种植面积	小麦种植面积（亩）	11.56	29.88
	劳动力占比	家庭劳动力占家庭总人口的比例	0.60	0.22
	外出务工比	长期外出打工劳动力占家庭劳动力的比例	0.35	0.32
基层政府	机构规模	单位人数（人）	232.6	223.38
	性别结构	员工男性占比	0.71	0.10
	年龄结构	40岁以上员工占比	0.52	0.19
	人才结构	技术人员占比	0.30	0.20
		本科及以上学历人员占比	0.14	0.11
		中高级职称人员占比	0.21	0.20
	员工培训	县级以上培训人员占比	0.18	0.26

5.3.2 农户气候变化认知及适应行为的差异化分析

农户对气候变化的适应是一个经济决策过程,这一决策的做出分为两个步骤。首先是农户通过感官及既有经验对气候变化的发生及其影响得到有效认知;其次是在认知的基础上进行理性分析,决定是否以及如何对气候变化做出反应。当然,对于适应气候变化的行为决策来说,有效的认知仅是一个必要条件而非充分条件,任何一项决策行为的做出除了认知因素外,还受到许多其他因素的影响,包括认知主体的年龄、性别、知识结构及水平、经济实力、行为偏好等个性特征以及外部因素如环境、组织等的影响,因此决策行为具有复杂性的特点。

气候变化的认知与应对措施对小麦产量影响的差异化特征分析结果如表 5-2 所示。结果显示,认知到气候变化对小麦产量存在影响的农户小麦产量与认为气候变化没有影响的农户小麦产量无明显差异。而对气候变化采取应对措施的农户小麦产量显著低于未采取应对措施的农户,说明应对气候变化的效果不佳。

表 5-2   气候变化认知与应对对小麦产量影响的差异化特征分析

指标类型	农户对气候变化的认知			农户对气候变化的应对		
	有影响	没影响	差异	采取措施	未采取措施	差异
小麦产量	453.51	473.54	(-0.84)	449.37	483.10	(-1.94)*

注: *表示在 10% 水平上显著;括号内的数字为 t 值。

在对气候变化应对的具体行为的影响方面,部分应对措施对小麦产量的减少作用明显。采取措施如增加成本投入(如化肥、农药等)、调整农时、选择新的农作物品种(如抗旱、抗虫等)对小麦产量有很强的负向效应,而增加灌溉次数或水量、改善农田生态环境效应不明显,如表 5-3 所示。

表 5 - 3   气候变化应对行为对小麦产量影响差异化特征分析

应对行为	小麦产量		
	采取	未采取	差异
增加生产成本	428.29	480.44	- 4.06 ***
调整农时	363.36	459.78	- 3.17 ***
选择新品种	423.59	463.26	- 2.45 **
增加灌溉次数或水量	455.75	453.84	0.13
改善农田周围生态环境	433.52	456.11	- 0.38

一般来说，调整农时是适应气候变化导致的土地积温升高，使得土壤墒情适宜耕作，作物可播种期提前的一种提前播种的农业生产行为，但是由于小麦生长周期跨年的特点，调整农时往往具有滞后一期的效应，因此对当年的粮食产量的影响无法显现，从而导致上述结果。此外，宋妮等（2014）基于河南省 1961~2010 年的气象数据进行研究发现，河南省冬小麦的需水量呈现随年份下降的趋势。而孙爽等（2013）绘制的河南省冬小麦生育期需水量变化趋势的空间分布图也表明，除与陕西、湖北毗邻一带部分区域的需水量呈现上升趋势外，其余区域均为下降趋势。而且相关研究还表明，河南全省年平均日照时数自 20 世纪 60 年代开始具有显著振荡下降趋势，日照时数下降导致蒸腾作用减弱，蒸发量减少，因而使作物需水量下降。因此可以理解增加灌溉次数或水量对小麦产量的影响不大。实际上，河南省水资源相对丰富，而且无论是在全国还是在 13 个粮食主产区，河南省农田灌溉亩均用水量历年来均处于全国最低水平，说明降水和地下水对于农业生产用水的满足程度较高，增加灌溉次数和水量对粮食产量的影响较低。

同样，改善农田周围生态环境（如修筑堤坝、种树等）对于小麦产量的影响的效应为负，但是不显著。当然，以改善农田周围生态环境为目的而修筑的堤坝还兼具拦蓄水源和排涝功能，但实际中由于对于灌溉用水的需求不是很迫切，因而修筑堤坝对产量的影响不明显，而且修筑堤坝还可能占用部分耕地，影响小麦生产。此外，在田间种树存在两种情况：一个是以经济为目的的种植；另一个是以改善农田生态环境为目的的种植。以经济为目的树木种植显然会占用可耕地资源，减少粮食播种面积，对小麦产量造成负面影响。而以农田生态环境为目的的种植确实可以降低田间风速、调适温湿度，降低田间气候异常波动的影响，但是随着植树造林、绿化荒山工程的推进以及高速公路等交通设施附属的行道树带密度和面积的不断增加，森林覆盖率不断提高，周围植树越来越多，田间林网的密度也越来越大，农林争水、农林争光、农林争地的胁地矛盾越来越突出。史晓亮等（2016）的研究表明，在自然条件较差的低产区，农田防护林的增产作用显著，增产率达到 8.85%，而在高产区增产率约为 2.4%，由于胁地效应的影响，在部分地区可能造成减产。河南省显然属于粮食高产区，农田防护林的增产效应与胁地效应存在抵消的作用，部分地区甚至胁地效应大于增产效应。此外，近年来人们田间种植树木的目的已经不是单纯改善生态环境，而更多是出于经济利益的考量。

从交叉统计的角度进行分析，认知到气候变化对农业生产有影响的农户中，有97%的农户会采取措施应对气候变化，仅有3%的农户未采取任何应对措施，如表5-4所示。这表明对气候变化的认知对于应对存在重要的影响。

表5-4　　　　农户对气候变化的认知与应对的交叉分析　　　单位：%

指标类型		农户对气候变化的认知		
		有影响	没影响	差异
农户对气候变化的应对率	有应对	97	0	97
	无应对	3	100	-97

5.3.3　农户与政府工作人员气候变化认知及适应行为差异化分析

各级政府组织是农业生产的重要参与者，也是农业气候变化应对和稳定粮食生产的重要影响者。政府组织对农业及粮食生产的影响作用主要体现在政策、资金、技术等公共产品的供给上。在共同应对气候变化和保持农业生产稳定方面，政府是否提供应对气候变化的公共产品以及提供什么样的公共产品取决于实际需求，也取决于政府决策者及工作人员对气候变化及其对农业生产的影响的认知和决策模式。

对比农户和政府工作人员对气候变化的感知和对其影响的认知，发现农户和政府工作人员对于气候变化及其影响都有较好的认知。进一步的分析结果表明，农户对气候变化的感知高于政府工作人员，但差异不显著。而对于气候变化影响农业生产的认知政府工作人员要显著高于农户，如表5-5所示。

表5-5　　　　　　　农户与政府工作人员气候变化认知的交叉分析

指标类型	气候是否变化（是=1，否=0）			气候变化是否影响农业生产（是=1，否=0）		
	农户	政府	差异	农户	政府	差异
均值	0.91	0.87	(1.16)	0.86	0.96	(-2.13)**

注：** 表示在5%水平上显著；括号内的数字为t值。

对于气候变化的感知的分析表明，降雨减少、干旱增多和天气变暖是人们对气候变化感知的主要表现。政府工作人员中对气候变化的差异性的感知比例稍高于农户的感知比例，表明政府工作人员也充分认识到气候变化的事实，如表5-6所示。

表5-6　　　　　农户与政府工作人员气候变化感知差异分析

气候变化的主要表现	农户（%）	政府工作人员（%）	差异
变暖了	40.4	46.9	(-0.86)
变冷了	7.6	12.2	(-1.08)
降雨增多	1.9	4.1	(-0.96)
降雨减少了	62.1	75.5	(-1.82)*
干旱增多	64.6	69.4	(-0.65)
暴雨增多了	1.0	8.2	(-3.46)***

注：* 、*** 分别表示在10%、1%水平上显著；括号内的数字为t值。

调查数据表明，气候变化对河南省农业生产的影响主要表现在干旱天气造成灌溉次数增多，极端天气造成农作物倒伏、减产以及病虫害增多等方面。多数农户和政府工作人员对气候变化影响的看法基本一致，但政府工作人员在气候变化造成的病虫害增多和极端天气造成的作物倒伏、减产方面的认识的比例要显著高于农户，如表5-7所示。

表5-7　　　　农户与政府工作人员对气候变化对农业生产影响的认知差异

气候变化对农业生产的影响	农户（%）	政府工作人员（%）	差异
病虫害增多	38.5	70.5	(-4.39)***
早熟减产	24.5	35.3	(-1.63)
极端天气造成农作物倒伏减产	40.8	80.4	(-5.46)***
干旱天气造成灌溉次数增多	71.0	68.6	(0.35)

注：*** 表示在1%水平上显著；括号内的数字为 t 值。

在对适应气候变化应采取的措施方面，农户和政府工作人员对适应措施的选择存在较大差异，采取适应措施的农户选择比例较高的适应措施是增加灌溉的次数和时间、增加生产成本（如农药、化肥和种子等），而政府工作人员中选择比例较高的措施是改善农田周围的生态环境（如修筑堤坝、种树等）、选择新的农作物品种（如抗旱、抗虫品种等），以及购买农业保险。这反映出不同决策掌控范围对适应措施选择的认知存在差异。政府工作人员选择的三项内容，属于政府公共适应决策具有优势的领域，而农户所选择的措施是私人适应的优势领域，如表5-8所示。

表5-8　农户与政府工作人员对采取和应该采取的气候变化适应措施的认知差异

适应气候变化的措施	农户（%）	政府工作人员（%）	差异
增加农药化肥投入	58.5	30.8	(3.73)***
调整农时	5.7	15.4	(-2.44)**
选择新品种（如抗旱、抗虫等）	24.6	63.5	(-5.80)***
增加灌溉	83.8	51.9	(5.33)***

适应气候变化的措施	农户（%）	政府工作人员（%）	差异
改善农田周围的生态环境	5.0	92.3	（-25.26）***
购买农业保险	11.5	51.9	（-7.45）***
退出农业（如外出打工）	1.6	5.7	（-1.87）*

注：*、**、***分别表示在10%、5%、1%水平上显著；括号内的数字为t值。

适应气候变化需要农户和政府共同协作和努力，政府和村委会可以在公共产品的供给以及协调服务方面发挥更大的作用。农户对于政府和村委会可以提供的应对气候变化的适应性服务选择比例最高的是推荐农作物新品种，其次是加强气候变化认识和适应的教育与培训以及暴雨和干旱来临前的预警，而这也是政府公共产品供给可以发挥最大效应的领域。但政府工作人员认为政府和村委会可以提供的服务中种树造林的比例最高，其次是加大气候变化认识和适应的教育与培训以及推荐农作物新品种，如表5-9所示。

表5-9   农户与政府工作人员对政府及村委会应提供服务的认知差异

政府和村委会应对气候变化提供的服务	农户（%）	政府工作人员（%）	差异
种树造林	22.6	86.0	（-10.14）***
推荐农作物新品种	55.1	56.0	（-0.12）
修筑堤坝	18.8	36.0	（-2.72）***
建立水库	14.6	36.0	（-3.74）***
暴雨和干旱来临时预警	43.0	48.0	（-0.66）
加大气候变化认识和适应的教育和培训	44.6	58.0	（-1.77）*

注：*、**、***分别表示在10%、5%、1%水平上显著；括号内的数字为t值。

上述分析表明，农户和政府工作人员对于气候变化及其适应行为的感知和认知存在一定的差异，农户的私人适应和政府的公共适应均是其自身对气候环境变化做出的反应，能力的不均衡和信息的不对称往往会造成共同适应的低效率，提高农户和政府工作人员的气候变化认知能力，加强政府与农户之间对于气候变化的信息共享，有助于克服行动障碍，提高效率。

5.4 农户气候变化适应决策及其对粮食产出的影响分析

5.4.1 模型设定与变量描述

借鉴迪·法尔科等（Di Falco et al.，2011）、黄等（Huang et al.，2015）和卡纳尔等（Khanal et al.，2018）的研究，使用内生转换模型模拟气候变化适应决策及其对小麦产量的影响。

在第一阶段，我们采用了一个气候变化适应决策的选择模型。假设风险厌恶型农户在产生净收益时就会实施气候变化适应策略，净收益可以用一个潜在变量 A^* 表示。

$$A_i^* = Z_i\alpha + \eta_i \ with \ A_i = 1 \ if \ A_i^* > 0 \ and \ 0 \ otherwise \quad (5-1)$$

农户作为理性经济人，在气候变化背景下进行适应决策以实现效益最大化。因此，如果 $A^* > 0$，农户将选择采用气候变化适应策略($A_i = 1$)，如果 $A^* < 0$，农户则不采取适应行为。

Z 表示影响农户适应决策的外生因素变量。根据关于农户气候变化适应决策决定因素的相关实证文献，本书选择农户特征和政府提供的气候信息作为影响因素。家庭特征包括性别、年龄、教育程度、劳动力占比、种植面积和气候变化认知。政府提供的信息主要包括霜冻和干旱的天气预警信息。

在第二阶段，通过生产函数模拟气候变化适应对小麦产量的影响。最简单的方法是使用普通最小二乘（OLS）方法，将适应作为粮食生产方程中的虚拟变量。但是，通过 OLS 方法评估适应对小麦产量的影响可能会产生许多潜在的问题。例如，适应可能是内生的，如果这是真的，就会导致估计有偏差（Di Falco et al.，2011）。此外，样本选择偏差和估计不一致等问题可能会增加，影响结果的可信度（Khanal et al.，2018）。迪·法尔科等（Di Falco et al.，2011）利用完全信息极大似然估计，估算了通过内生转换的气候变化适应决策及其对小麦产量影响的联立方程模型，并将气候认知和气候变化信息作为工具变量纳入农户气候变化适应决策模型。前面的分析显示，气候认知和气候变化信息显著影响农户气候变化适应决策，但对不采取气候变化适应措施的农户的小麦产量没有显著影响。因此，它们可以被认为是有效的工具变量。

通过内生转换回归模型来估计气候变化适应决策对小麦产量的影响，采取气候变化适应策略的农户和不采取适应策略的农户有不同的生产函数。

$$y_{1i} = \beta_1 x_{1i} + \varepsilon_{1i} \quad if \quad A_i = 1 \tag{5-2}$$

$$y_{0i} = \beta_0 x_{0i} + \varepsilon_{0i} \quad if \quad A_i = 0 \tag{5-3}$$

式中，y_{1i} 和 y_{0i} 分别代表适应农户和未适应农户的产出变量（对数形式），x_i 是影响产出的基本投入要素向量，β 是带估计系数向量，ε 是误差项。式（5-1）~ 式（5-3）的误差项满足多元正态分布：$(\eta，\varepsilon_1，\varepsilon_0)' \sim N(0，\sum)$。

$$Cov(\eta，\varepsilon_A，\varepsilon_N) = \sum = \begin{pmatrix} \sigma_\eta^2 & \sigma_{\eta A} & \sigma_{\eta N} \\ \sigma_{A\eta} & \sigma_A^2 & \sigma_{A\eta} \\ a_{m1} & \sigma_{NA} & \sigma_N^2 \end{pmatrix} \tag{5-4}$$

ε_1 和 ε_0 的期望值是非零的。

$$E[\varepsilon_{1i} \mid A_i = 1] = \sigma_{1i} \frac{\varphi(Z_i \alpha)}{1 - \varphi(Z_i \alpha)} = \sigma_{1\eta} \lambda_{1i} \tag{5-5}$$

$$E[\varepsilon_{0i} \mid A_i = 0] = -\sigma_{0i} \frac{\varphi(Z_i \alpha)}{1 - \varphi(Z_i \alpha)} = \sigma_{0i} \lambda_{0i} \tag{5-6}$$

内生转换模型通过比较真实情景与反事实假设情景下适应农户与未适应农户的小麦产出的期望值，来估计农户气候变化适应决策的平均处理效应。

适应农户的产出期望值（处理组）：

$$E(y_{1i} \mid A_1 = 1) = \beta_1 x_{1i} + \sigma_{1i} \lambda_{1i} \tag{5-7}$$

未适应农户的产出期望值（对照组）：

$$E(y_{1i} \mid A_1 = 0) = \beta_0 x_{0i} + \sigma_0 \lambda_{0i} \tag{5-8}$$

同时考虑两种反事实假设，适应农户在未做出适应决策时的产出期望值：

$$E(y_{0i} \mid A_1 = 1) = \beta_0 x_{1i} + \sigma_0 \lambda_{1i} \tag{5-9}$$

未适应农户在做出适应决策时的产出期望值：

$$E(y_{1i} \mid A_1 = 0) = \beta_1 x_{0i} + \sigma_1 \lambda_{0i} \tag{5-10}$$

将式（5-7）与式（5-9）相减，得到适应农户产出的处理效应（TT）；同理将式（5-10）与式（5-8）比较，计算得到未适应农户的处理效应（TU）。对于"采用者"组，式（5-7）和式（5-10）之间的差异反映了农户异质性的影响。同样，对于"非采用者"组，使用式（5-9）和式（5-8）之间的差异来衡量农户异质性的影响。

本模型的被解释变量为小麦产量，为连续变量。核心解释变量为农户对气候变化的应对，为二元变量。农户对气候变化的应对措施包括增加生产成本（如多施肥）、调整农时（如提前播种）、选择新品种（如抗旱品种）、增加灌溉次数或水量、改善农田周围生态环境（如修筑堤坝）。如果农户采取其中的一种或一种以上措施，则认为该农户采取了措施来应对气候变化，赋值为1，反之，则赋值为0。控制变量包括小麦种植面积和投入要素，其中，投入要素包括灌溉投入、机械投入、种子投入、化肥投入、农药投入和劳动力投入等。

根据河南省气象信息中心的资料，2016年的1月22～24日受强冷空气影响，河南省出现寒潮和降雪天气。全省大部分地区（占总站数的75%）最低气温降至-18℃～-10℃，有29个县（市）日最低气温创2000年以来历史同期最低极值。截至2016年12月28日，河南省全省平均气温为15.7℃，较常年偏高0.9℃，为1961年以来最高值。全年四季气温均偏高，其中春季偏高1.4℃。上述信息意味着2016年河南省气候总体表现为变暖趋势。从农户适应气候变化的行为看，增加灌溉的次数和时间以及增加生产成本（如农药、种子等）基本符合气候变暖干旱增加的应对措施，表明农户对于气候变化及其应对有正确的认知和判断，如图5-1所示。

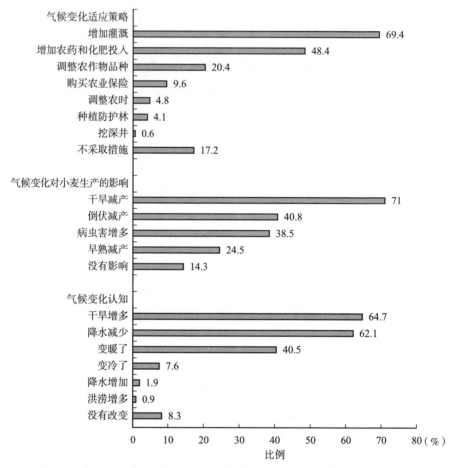

图5-1　农户的气候变化认知与适应措施

5.4.2　主要结果

表5-10为研究变量的定义和描述性统计结果。结果显示，平均91.7%的农户感知到了气候变化，82.8%的农户采取了适应策略来应对气候变化对小麦种植的影响，43%的家庭收到外界提供的气候变化信息。农户们采取了多项适应措施以应对气候变化。总的来说，主要措施是增加灌

溉、增加化肥和农药的使用，以及改变作物品种。此外，约 63.3% 的农户采取了一种以上的适应策略，2.3% 的农户采取了三种以上的适应策略。总的来说，农户感知到了气温上升和降雨减少的信息。另外，我们收集了详细的生产投入数据，例如，劳动投入按家庭劳动投入和雇佣劳动进行分类。农户平均小麦种植面积为 0.771 公顷，平均小麦产量为 6827.579 千克/公顷。农户的主要投入是化肥、家务劳动和机械，而且他们的租金和雇佣费用都很低。户主的平均年龄为 55.124 岁，其中 61.5% 接受过 6 年以上的教育。

表 5–10　　　　　　　　　　变量定义和描述性统计结果

变量	含义	均值	方差
产出	小麦单产（公斤/公顷）	6827.579	1749.542
面积	小麦种植面积（公顷）	0.771	1.992
种子	种子投入（元/公顷）	1129.651	364.152
化肥	化肥投入（元/公顷）	2476.440	697.026
农家肥	农家肥投入（元/公顷）	171.858	564.062
农药	农药投入（元/公顷）	542.944	296.527
家庭劳动	家庭劳动投入（元/公顷）	2638.080	2135.371
雇佣劳动	雇佣劳动投入（元/公顷）	180.419	581.991
机械	机械投费用（元/公顷）	1526.853	701.715
灌溉	灌溉费用（元/公顷）	463.738	459.876
租金	租金（元/公顷）	32.684	94.295
性别	户主性别：男 = 1；女 = 0	0.723	0.448
年龄	户主年龄（岁）	55.124	10.417
受教育程度	户主受教育年限：6 年以上 = 1；其他 = 0	0.615	0.487
农业劳动力比	家庭农业劳动力占家庭劳动力的比例	0.604	0.221
气候变化认知	是否意识到气候变化：是 = 1；否 = 0	0.917	0.276
气候变化是否影响农业生产	气候变化是否影响农业生产：是 = 1；否 = 0	0.857	0.351
气候变化信息	是否获取气候变化信息：是 = 1；否 = 0	0.430	0.496
气候变化适应决策	是否采取气候变化适应措施：是 = 1；否 = 0	0.828	0.378

为表述上更简洁，将采取了至少一项适应行动的农户称为"适应者"，没有采取任何适应措施的农户称为"未适应者"。表 5-11 显示了适应者和未适应者在家庭特征上的差异。未适应者的平均小麦产量显著高于适应者。未适应者的雇佣劳动费用和灌溉成本显著高于适应者。适应者对气候变化及其对小麦生产的影响有更高的认识，也更容易获得气候变化信息。

表 5-11　　　　　　　　适应者与未适应者的基本特征差异

变量	适应者		未适应者		差异
	均值	标准差	均值	标准差	
适应决策	1.000	0.000	0.000	0.000	
产出	6740.563	1831.214	7246.547	1213.885	-505.984 **
面积	0.809	2.146	0.588	0.948	0.221
种子	1127.578	375.437	1139.629	306.923	-12.051
农药	2467.206	692.978	2520.898	721.167	-53.692
农家肥	144.332	521.404	304.387	727.207	-160.055
化肥	544.795	300.001	534.028	281.712	10.767
家庭劳动	2708.825	2219.873	2297.456	1644.566	411.369
雇佣劳动	133.105	478.036	408.226	905.401	-275.121 **
机械	1547.522	651.598	1427.338	906.063	120.184
灌溉	436.741	454.060	593.72	469.75	-156.979 **
租金	33.584	96.138	28.349	85.563	5.235
性别	0.731	0.444	0.685	0.469	0.046
年龄	55.238	10.256	54.574	11.241	0.664
受教育程度	0.612	0.488	0.63	0.487	-0.018
农业劳动力比	0.597	0.218	0.637	0.236	-0.040
气候变化认知	0.977	0.150	0.63	0.487	0.347 ***
气候变化是否影响农业生产	0.977	0.150	0.278	0.452	0.699 ***
气候变化信息	0.508	0.501	0.056	0.231	0.452 ***

注：**、*** 分别表示在5%、1%水平上显著。

表 5-12 显示了内生转换模型的结果。第二列为气候变化适应决策方程的估计结果，显示了影响农户采取气候变化适应行为的决定因素。种植

面积的系数为正且显著，说明种植面积较大的农户更有可能采取气候变化适应措施。气候认知和气候变化信息的影响均为正且显著，说明了解气候变化并能获得气候变化信息的农户更有可能采取气候变化适应措施。表 5-12 中第三列和第四列是小麦产量的影响因素。相关系数 ρ_0 和 ρ_1 的估计值与零没有显著差异，表明在样本中可能不存在样本选择性偏差（Di Falco et al.，2011）。然而，适应者和未适应者之间的小麦产量方程系数的差异表明了样本组间存在异质性（Di Falco et al.，2011；Bandara and Cai，2014）。表 5-12 的结果表明，无论是适应者还是未适应者，面积都是导致小麦减产的重要因素。然而，性别、教育、农家肥、家庭劳动力、灌溉和租金似乎对适应者和未适应者的小麦产量有不同的影响。第三列的结果表明，教育和灌溉是影响适应农户小麦产量的显著积极因素。然而，家庭劳动投入似乎对未适应者的小麦产量有显著的负向影响。

表 5-12　　　　气候变化适应决策及对小麦产量影响的估计结果

变量	气候变化适应决策	小麦产出（log）	
		适应者	未适应者
性别	0.263 (1.12)	-0.003 (-0.07)	0.118 ** (2.55)
年龄	-0.002 (-0.20)	0.001 (0.58)	0.000 (0.06)
农业劳动力占比	-0.616 (-1.36)	0.070 (0.98)	0.138 (1.48)
受教育程度	-0.017 (-0.07)	0.065 * (1.91)	0.060 (1.15)
面积	0.298 * (1.85)	-0.021 ** (-2.55)	-0.073 ** (-2.17)
种子（log）		-0.053 (-1.28)	-0.098 (-0.85)
农家肥（log）		-0.002 (-0.69)	0.006 * (1.78)

变量	气候变化 适应决策	小麦产出（log）	
		适应者	未适应者
化肥（log）		0.068 （1.26）	0.045 （0.64）
农药（log）		0.042 （1.57）	0.051 （1.27）
家庭劳动（log）		−0.009 （−1.19）	−0.125 *** （−2.97）
雇佣劳动（log）		−0.007 （−1.35）	−0.001 （−0.10）
灌溉（log）		0.012 *** （4.88）	−0.002 （−0.27）
机械（log）		−0.007 （−1.10）	−0.006 （−1.13）
租金（log）		−0.009 ** （−2.26）	−0.009 （−1.39）
是否有租金（0/1）	0.157 （0.43）		
气候变化认知	1.877 *** （4.91）		
气候变化信息	1.259 *** （4.65）		
Constant	−0.923 （−1.34）	8.189 *** （16.63）	9.613 *** （9.81）
ρ_1		−1.402 *** （−29.70）	
ρ_0			−1.999 *** （−10.83）
ρ_1		0.347 （1.54）	
ρ_0			0.584 （0.70）

注：* 、** 、*** 分别表示在 10%、5%、1% 水平上显著；括号内的数字为 t 值。

表 5 – 13 给出了实际和反实际条件下农户的预期小麦产量，以及平均

处理效应和异质性效应的估计结果。（a）和（b）表示样本中观察到的预期小麦产量。（c）表示适应者如果不采取适应措施的预期小麦产量，（d）表示未适应者如果采取适应措施的预期小麦产量。结果显示，如果不采取适应措施，适应者每公顷将会多生产大约 1911 千克（29%）。同样，如果未适应者采取了适应措施，每公顷的产量会减少约 1039 千克（14%）。

表 5 - 13　　　　　　　　农户气候变化适应决策对产出的处理效应

	气候变化适应决策		处理效应
	采取适应措施	不采取适应措施	
适应者	（a）6551. 72 （49. 211）	（c）8463. 331 （344. 042）	TT = - 1911. 611 *** ［ - 5. 614］
未适应者	（d）6167. 134 （89. 356）	（b）7206. 905 （110. 097）	TU = - 1039. 771 *** ［ - 13. 716］
异质性效应	BH1 = 384. 587 *** ［3. 770］	BH2 = 1256. 427 *** ［3. 478］	

注：*** 表示在 1% 水平上显著；圆括号内的数字为标准误，方括号里数值为 t 值。

此外，表 5 - 13 的最后一行显示，在反事实的情况下，适应者会比不适应者产生更多的产出。显著的异质性效应意味着，一些重要的异质性来源导致适应者与未适应者相比是"更好的生产者"。这一发现与迪·法尔科等（Di Falco et al.，2011）和卡纳尔等（Khanal et al.，2018）的结论一致。

5.4.3　结果讨论

研究发现，90% 以上的麦农能认知到气候的变化，80% 以上的农户自主采取了适应措施。农户的种植面积、气候变化认知和气候变化信息获取显著影响了农户的气候变化适应决策。然而，农户采取的适应措施种类有限，主要包括增加灌溉频率和灌溉量、使用更多化肥和农药。

进一步分析发现，农户的气候变化适应措施显著降低了小麦产量，这意味着农户的气候变化适应行为可能是错误的。一些研究也发现了一些农业气候变化适应行为的不良后果（Kihupi et al.，2015；Müller et al.，2017；Antwi - Agyei et al.，2018）。对于为什么农户的气候变化适应措施未能减少气候变化对农业生产造成的风险，反而产生了不利后果，可能的解释有如下几点。

第一，农户的气候变化适应措施（增加灌溉）实施时机不对。根据刘等（Liu et al.，2010）的研究，在冬小麦灌浆阶段，应适当降低灌溉频率和灌水量。因此，调查农户若是在冬小麦灌浆期采取增加灌溉频率和灌水量的气候变化适应措施，就会对小麦产量产生负面影响。

第二，农户的气候变化适应措施（增加化肥和农药投入）实施过度。在埃塞俄比亚和尼泊尔等农业生产相对落后的地区，化肥和农药的使用是提高粮食产量的一个重要措施（Di Falco et al.，2011；Khanal et al.，2018）。然而，中国每公顷农药的投入是埃塞俄比亚和尼泊尔的 52 倍，每公顷化肥的花费分别是埃塞俄比亚和尼泊尔的 7 倍和 35 倍（FAO，2018）。中国在农业生产中的化肥投入强度居世界首位，但化肥利用率约为 45%，远低于发达国家 60% 的利用率（Wu et al.，2014）。小农是风险厌恶者，为规避潜在气候风险对农业生产的负面影响，愿意使用更多的化肥（Paudel et al.，2000；仇焕广等，2014）。然而，由于大多数农户技术知识有限，家庭农业劳动力缺乏，依靠传统的经验和习惯，我国农户过度使用化肥的现象普遍且严重（仇焕广等，2014）。过度使用化肥可能导致可耕地肥力下降，造成水体污染（Tilman et al.，2001），侵蚀农业的可持续发展（Müller et al.，2017）。因此，在化肥和农药使用不足的情况下，增加化肥和农药以应对气候变化风险的适应行为会提高粮食产量；但是，如果化肥和农药投入过多，农户再增加化肥和农药投入的适应行为就会对小麦产量和环境产生负面影响。

第三，农户的气候变化适应措施不能增加产量。农民为应对降雨量的减少和病虫害的增加改变作物品种，种植耐旱和抗病的小麦品种。然而，耐旱和抗病小麦品种可能不是高产品种，同时新品种在复杂环境因素下也可能会出现不适应性，这些都会导致产量下降。

毫无疑问，适应是减少气候变化的负面影响、维持农民生计和确保农业可持续发展的重要组成部分（Antwi - Agye et al.，2018）。特别是，中国农业发展面临严重的资源和环境约束，如水资源短缺和生态退化。然而，农户的自主适应可能是不良适应和不可持续的。如果只是依靠农户的自主适应，很可能会白白浪费精力和资源，甚至可能会遭受更大的损失。

中国政府在农村公共产品供给方面承担着主要责任，也是公共部门主要的气候变化适应策略的提供者，如建设农业基础设施（农田水利系统、农产品质量监测系统和农业信息系统）和促进农业科技进步（农业科技研究、农业科技推广）（吴春梅，2007；成新轩和武琼，2009）。除此之外，根据研究结论，未来可以从两个方面实施更有针对性的措施帮助农户提高气候变化适应能力：一方面，为了农户的利益和农业的可持续发展，迫切需要实施科学的灌溉和施肥，以提高水和肥料的有效利用；另一方面，建议更加重视种子品种的研究和开发，为农民提供高产、耐旱、抗病的小麦品种，并指导他们因地制宜地选择合适的品种。

5.5 政 策 启 示

本书通过对河南省小麦种植农户和基层政府工作人员的实地调查，分析了二者在气候变化认知和适应措施选择方面的异同。第一，麦农和基层政府对气候变化及其对农业生产的影响都具有较高的认知度。对于气候系统的变化，麦农的认知度高于基层政府；对于气候变化的具体表现和气候变化对农业生产的影响，麦农的认知度低于基层政府。第二，麦农和基层政府对气候变化适应措施的选择偏好不同。麦农主要采取增加农药化肥投入和增加灌溉等被动性适应措施，基层政府倾向于营造农田防护林和推广农作物新品种等主动性适应措施。第三，基层政府部门的人力资源水平较低、员工缺乏气候变化相关培训，基层政府的气候变化适应能力不强。第四，对于气候变化适应的政策支持，麦农和基层政府的选择有所不同。麦农和基层政府的首选措施分别是推荐农作物新品种和营造农田防护林。加强与气候变化相关的教育和培训、推荐农作物新品种以及暴雨和干旱预警是麦农和基层政府都期待的气候变化适应政策支持。

为积极应对气候变化，提高农业气候变化适应水平，保障农户生计和国家粮食安全，基于研究结论，提出如下三点政策建议：第一，提高农户气候变化认知度和增强农户气候适应措施的可持续性。一方面，可以通过加强气候变化的知识和信息支持，提高农户对气候变化的认知。如通过建设天气预警系统、加强气候变化认知和适应的教育与培训，帮助农户及时正确地认知气候变化及其对农业生产的影响。另一方面，引导和帮助农户采取可持续性的气候适应措施。例如，抗旱作物的研发是更可持续的适应措施，通过培育作物新品种，不仅能增加产量，而且可以减少农用地的扩张，从而减少温室气体排放。通过现代农业知识的宣传教育，加强农业新技术的研发和推广，发展智慧农业，推进农业绿色、低碳、可持续发展，助力实现"碳达峰、碳中和"目标。第二，提高基层政府的气候变化适应能力。其一，通过对气候变化的相关宣传，提高基层政府工作人员对气候变化的认知；其二，开展农业气候变化适应相关知识和技术的培训；其三，通过鼓励大学生下基层等方式引进高端人才，提升基层政府部门的人力资源水平。第三，协调农户和政府对气候变化适应措施的不同偏好。政府在制定农业适应气候变化政策时，应考虑农户对气候变化适应措施的偏好，开展气候适应措施的宣传和培训，使农户更好地配合和支持公共适应措施。加强基层政府与农户之间的信息共享和沟通协调，克服共同行动障碍，从而提高农业气候变化适应政策的实施效率。气候变化对农业生产产生影响，为保持农业生产的稳定性，必须采取相应的措施应对气候变化带来的影响，适应成为应对气候变化的现实而迫切的选择。当前对气候变化适应行为的研究与实践应用包括以增加投入、改善品种和提高农业基础设施为基础的增量型的模式，也包括农业生态系统优化的可持续发展技术。

气候变化适应行为不是只注重纯技术手段，还要发挥技术、制度、组织的共同作用。与适应行为相关的资源禀赋、技术成本、预期收益、实施主体的特征及互动关系等都影响着气候变化的行为选择。应对气候变化需要自上而下的政府主导的公共适应和自下而上的私人适应的有机结合，形成主体间良好的互动关系，使资源配置变得更有效率。

第6章

主要结论与政策建议

农业生产是受气候变化影响的脆弱的生产过程。气候变化通过改变光、热、水的组合形式对农业生产产生影响，给农业生产带来一定的不确定性。稳定农业生产、保障粮食安全需要对气候变化做出及时有效的适应。

6.1 主要结论

本书通过对气候变化的理论分析，厘清了气候变化在宏观领域具有公共产品和外部性特点的经济学基础及对农业生产影响的生产要素属性，以及基于此的生产行为需要进行成本效益分析的微观机理，在此基础上通过实证分析气候变化及其适应行为对农业生产的影响，分析关键气候要素与粮食产量之间的关系，以及农业生产主体的适应行为与农业生产的关系，分析影响农户采取适应行为的影响因素，为制定适应气候变化的宏观政策和微观适应机制提供了理论基础。

6.1.1 气候变化对粮食产量影响显著

农业生产是依赖于自然生态资源和环境的生产过程，气候条件是农业生产的基本要素。温度、降水、日照等在农作物有机体产量形成过程中具有不可替代的作用，是农业生产的自然投入要素。通过对13个粮食主产区粮食生产及气候变化要素的研究，发现气候变化要素对粮食产量存在显著影响，表现在以下几个方面。

第一，降水量在5%的水平上对总产量具有显著正向影响，其平方项在5%的水平上对总产量具有显著负向影响，降水量对总产量的影响呈倒U形。

从数据的拟合结果看，在不考虑其他因素的影响下，随着降水量的增加，粮食产量呈现先增后减的趋势。通过对现有降水量变动趋势的判断，当前降水情况处于700~900毫升的拐点区域，尽管在后面几年内降水量呈现逐年减少的趋势，但对于粮食产量的影响不大。

第二，积温在5%的水平上对粮食产量具有显著负向影响，其平方项在10%的水平上对粮食产量具有显著正向影响，其立方项在10%的水平上对粮食产量具有显著负向影响。

从数据的拟合结果看，在不考虑其他因素的影响下，气候变暖趋势的增强和有效积温的增加将会导致粮食产量随积温变化先减后增再减少。当前有效积温为4600℃~5400℃，且从趋势上看存在继续增加的可能，预计粮食产量也会随之增加。

第三，日照在5%的水平上对粮食产量具有显著正向影响，日照时数的平方项在5%的水平上对粮食产量具有显著负向影响，说明日照对粮食产量的影响呈倒U形。

从数据的拟合结果看，在不考虑其他因素的影响下，随着日照时数的增加，粮食产量呈现先增后减的变化趋势。当前日照时数为1900~2200小时，随着日照时数的降低，粮食产量也会随之降低。

第四，播种面积、用水投入、机械投入、化肥投入分别在1%的水平上对粮食产量具有显著正向影响；农药投入在5%的水平上对粮食产量具有显著负向影响。本结论符合经济学意义，充分说明了模型设定的合理性。

6.1.2 农业生产环节的耕地碳排放特征

农业作为重要的碳源与碳汇，成为未来碳减排的重中之重，也是未来全球绿色低碳供应链及国际谈判的重要领域。农业领域的科学碳减排要建立在深入了解我国农业碳源排放的现实情况之上，并关注农业碳排放的结构演变及影响因素。基于对中部粮食主产区的研究，本书总结出农业碳排放的特征。

第一，2000~2019 年，中部粮食主产区耕地利用碳排放最低点和最高点分别出现在 2003 年和 2015 年，同时经历了缓慢增长、平稳增长、平稳下降三个时期。

第二，从耕地利用碳排放结构来看，投入环节碳排放占比最低，碳排放占比最高环节在 2014 年前后由生长环节变为收获环节。

第三，耕地利用碳强度和复种指数对单位耕地面积碳排放表现为抑制作用，单位粮食播种面积产值和种植结构则为促进作用，但复种指数和种植结构的影响强度较弱。

第四，在不同省份，影响因素作用方向略有差异，种植结构仅在湖南表现为抑制作用；复种指数在江西、湖北表现为抑制作用，在安徽、河南、湖南表现为促进作用。

6.1.3 农业气候变化适应行为特征

第一，90% 以上的麦农能认知到气候的变化，80% 以上的农户自主采取了适应措施。但农户采取的适应措施种类有限，主要包括增加灌溉频率、使用更多化肥和农药。

第二，农户的种植面积、气候变化认知和气候变化信息获取显著正向影响农户的农户气候变化适应决策。

第三，农户对气候变化的应对对小麦产量都具有显著负向影响。与没有采取措施应对气候变化的农户相比，采取措施的农户在 1% 的水平上对小麦产量具有显著负向影响。

第四，农户和基层政府工作人员对气候变化适应措施的选择偏好不同。农户主要是采取增加农药、化肥投入和增加灌溉等被动性适应措施。基层政府倾向于采取营造农田防护林和推广农作物新品种等主动适应性措施。

第五，农业生产领域对气候变化的适应行为是个体农户的私人适应和政府组织的公共适应相互协作的结果，农业气候变化的适应决策是以理性决策为前提的。农户作为理性的相关主体，以自身能力、获取的信息等为决策依据，以减少损失、获取利益为出发点做出决策。政府的责任在于创造和提供适应气候变化的公共产品，同时运用公权力克服由于信息不对称、外部性以及集体行动的障碍造成的私人适应的不足。

6.2　政　策　建　议

基于上述研究，本书提出我国农业绿色可持续发展的相关建议。

6.2.1　深入研究气候变化对产量影响的最优点

本书研究发现，降水和日照对粮食主产区单位面积粮食产量存在先增后减的倒 U 形关系，对粮食总产量也存在先增后减的倒 U 形关系。这说明气候变化对农业生产来说存在最优的拐点，在拐点之前，越接近这一最优点，对粮食生产越有利，偏离最优点则不利于粮食生产。如果能够拟合气候变化与产量之间的变化曲线，就可以发现气候变化影响的最优点，并对气候变化的影响做出预测，可以对气候变化的风险做出有效判断，制定科学合理的应对措施，并对气候变化做出及时有效的适应。

本书尝试着在不考虑其他因素影响下就单一因素与粮食产量之间的关系进行拟合，得出降水和日照及粮食产量的变动趋势，对气候变化应对具有一定的借鉴意义。但气候变化对粮食产量的影响是一个综合的效应，能够拟合出多气候因素影响下的产量变动趋势更具价值，这也是未来努力的方向。

6.2.2 加强耕地利用碳排放的精细化管理

对耕地利用活动碳排放进行全程精准监管与长期跟踪研究，落实耕地利用碳减排措施的成效。尽快引入大数据、人工智能等新兴技术，推动农业生产数字化改造，为农业生产生活方式绿色转型奠定坚实基础。加快耕地多层级治理的管理模式创新，对粮食主产区的管理既要有中央统筹，推进出台粮食安全与农业碳减排双赢的顶层设计，又要有地方政府贯彻实施，将政策目标落实到具体的降碳措施上。

耕地利用碳管理需要从不同环节进行全生命周期管控，提高降碳效率。如在投入环节，提高耕地利用活动中的资源利用率，充分利用现代化农业技术，做到精准施用，同时研发推广新型肥料产品并推广高效施肥技术，提高肥料利用率。在生长环节，做到强化稻田水分管理，因地制宜推广稻田节水灌溉技术，减少甲烷生成并提高土壤固碳潜力。在收获环节，科学推进秸秆变肥料还田和秸秆变能源降碳，多措并举降低农作物生长和收获环节的碳排放。

6.2.3 形成公共适应和私人适应结合的适应机制

农业适应气候变化行为的选择过程是主体之间、主客体之间的互动协同的过程，脱离气候变化的行为选择不具任何实践意义，脱离农户或政府任何一方的行为选择也缺乏经济效率的可行性。农户和政府工作人员对气候变化的认知和适应行为的选择虽然总体上存在一致性，但对于应对措施的优先选择倾向存在差异，农户和政府工作人员都会以自身适应能力为行为选择的出发点，由此产生行为倾向的选择差异。当前中国农业发展正处于转型阶段，农业适应气候变化需要注重政府主导的公共适应与农户主导的私人适应相结合。

加强政府和农户之间的信息共享，或加强定期对农户和政府工作人员的培训与交流，形成自上而下和自下而上互动交流的适应机制，有助于制定统一可行的气候变化适应政策，有助于气候变化适应能力的提高。研究还显示，农户受教育水平与是否采取气候变化措施密切相关，认知水平的提高有助于农户认识气候变化的风险，提高其应对气候变化的知识水平和技术能力，从而提高适应气候变化的成效。提高农户受教育水平和对农户进行气候变化知识进行培训是达到这一目的的有效手段。

6.2.4 加大气候变化适应性技术的研发和供给

当前影响适用行为选择的因素可以归纳为有效的技术供给、成本—效益分析、农户的受教育程度或认知水平、经营规模及收入水平等。结合当前正在实施的农业生产供给侧结构性改革，应进一步加大对农业气候变化适应性技术的研发和供给，提高农业生产的技术水平和装备水平，提高气候变化的适应能力和适应的有效性。

参 考 文 献

[1] 安芷生，丁仲礼，周卫健等. 中国北方干旱化的历史证据与成因研究 [M]. 北京：气象出版社，2004：298.

[2] 奥斯特罗姆. 公共事物的治理之道 [M]. 余逊达，陈旭东译. 上海：上海译文出版社，2000.

[3] 白人海. 气候变化与松嫩流域黑土退化 [J]. 黑龙江气象，2005 (3)：6-7.

[4] 白义鑫，王霖娇，盛茂银. 黔中喀斯特地区农业生产碳排放实证研究 [J]. 中国农业资源与区划，2021，42 (3)：150-157.

[5] 包刚，覃志豪，周义等. 气候变化对中国农业生产影响的模拟评价进展 [J]. 中国农学通报，2012，28 (2)：303-307.

[6] 毕茜，陈赞迪，彭珏. 农户亲环境农业技术选择行为的影响因素分析——基于重庆336户农户的统计分析 [J]. 西南大学学报（社会科学版），2014 (11)：44-49.

[7] 曹凑贵，李成芳，展茗等. 稻田管理措施对土壤碳排放的影响 [J]. 中国农业科学，2011，44 (1)：93-98.

[8] 曹建民，胡瑞法，黄季焜. 农民参与科学研究的意愿及其决定因素 [J]. 中国农村经济，2005 (10)：28-35.

[9] 曹卫星. 国外小麦生长模拟研究进展 [J]. 南京农业大学学报，1995，18 (1)：10-14.

［10］常跟应，黄夫朋，李曼等．黄土高原和鲁西南案例区乡村居民对全球气候变化认知［J］．地理研究，2012，31（7）：1233－1247．

［11］常跟应，李曼，黄夫朋．陇中和鲁西南乡村居民对当地气候变化感知研究［J］．地理科学，2011，31（6）：708－714．

［12］常向阳，姚华锋．农业技术选择影响因素的实证分析［J］．中国农村经济，2005（10）：36－42．

［13］陈广生，田汉勤．土地利用/覆盖变化对陆地生态系统碳循环的影响［J］．植物生态学报，2007（2）：189－204．

［14］陈军华，李乔楚．成渝双城经济圈建设背景下四川省能源消费碳排放影响因素研究——基于 LMDI 模型视角［J］．生态经济，2021，37（12）：30－36．

［15］陈军腾，任云英．近十年土地利用碳排放研究进展［C］//2020年工业建筑学术交流会论文集（下册）．［出版者不详］，2020：17－21．

［16］陈林，罗怀良，李政等．宜宾市近15年农业碳排放时空格局及其驱动力分析［J］．西南农业学报，2019，32（6）：1426－1434．

［17］陈敏鹏，林而达．适应气候变化的成本分析：回顾和展望［J］．中国人口、资源与环境，2011（S2）：280－285．

［18］陈鹏狮，米娜，张玉书等．气候变化对作物产量影响的研究进展［J］．作物杂志，2009（2）：5－9．

［19］陈秋红．社区主导型草地共管模式：成效与机制——基于社会资本视角的分析［J］．中国农村经济，2011（5）：61－71．

［20］陈帅，徐晋涛，张海鹏．气候变化对中国粮食生产的影响——基于县级面板数据的实证分析［J］．中国农村经济，2016（5）：1－14．

［21］陈帅．气候变化对中国小麦生产力的影响——基于黄淮海平原的实证分析［J］．中国农村经济，2015（7）：4－16．

［22］陈文科，吴春梅．新农村建设中的公共服务供给体制转型问题［J］．广东社会科学，2007（2）：5－11．

［23］陈亚兰．农村居民气候变化认知与行动意愿关系研究［D］．南

京：南京信息工程大学，2014：6.

[24] 陈迎，潘家华，庄贵阳. 斯特恩报告及其对后京都谈判的可能影响 [J]. 气候变化研究进展，2007（2）：114-120.

[25] 陈迎. 适应问题研究的概念模型及其发展阶段 [J]. 气候变化研究进展，2005（3）：133-136，145.

[26] 成新轩，武琼. 政府在农村公共产品供给体制中的责任探究 [J]. 乡镇经济，2009，25（2）：54-58.

[27] 程顺和，张伯桥，高德荣. 小麦育种策略探讨 [J]. 作物学报，2005，31（7）：932-939.

[28] 丑洁明，董文杰，封国林. 定量评估气候变化产量经济产出的方法 [J]. 科学通报，2011，56（10）：725-727.

[29] 丑洁明，封国林，董文杰等. 气候变化影响下我国农业经济评价问题探讨 [J]. 气候与环境研究，2004，9（2）：361-368.

[30] 丑洁明，叶笃正. 构建一个经济—气候新模型评价气候变化对粮食产量的影响 [J]. 气候与环境研究，2006，11（3）：347-353.

[31] 崔大鹏. 国际气候合作的政治经济学分析 [M]. 北京：商务印书馆，2003.

[32] 崔读昌. 中国粮食作物气候资源利用效率及其提高的途径 [J]. 中国农业气象，2001，22（2）：26-33.

[33] 崔静，王秀清，辛贤. 气候变化对中国粮食生产的影响研究 [J]. 经济社会体制比较，2011，（2）：54-60.

[34] 戴晓苏. 气候变化对我国小麦地理分布的潜在影响 [J]. 应用气象学报，1997，8（1）：19-25.

[35] 戴晓苏. 中国区域气候变化及其对农业影响的模式研究 [D]. 北京：北京大学，1994：126.

[36] 党廷辉，高长青. 渭北旱塬影响小麦产量的关键降水因子分析 [J]. 水土保持研究，2003，10（1）：9-11.

[37] 德斯勒，帕尔森. 气候变化：科学还是政治？ [M]. 李淑琴等

译．北京：中国环境科学出版社，2012.

[38] 邓振镛，张强，徐金芳．全球气候增暖对甘肃农作物生长影响的研究进展 [J]．地球科学进展，2008，23（10）：1070－1078.

[39] 第二次气候变化国家评估报告编写委员会．第二次气候变化国家评估报告 [M]．北京：科学出版社，2011.

[40] 丁宝根，杨树旺，赵玉等．中国耕地资源利用的碳排放时空特征及脱钩效应研究 [J]．中国土地科学，2019，33（12）：45－54.

[41] 丁一汇．中国气候变化科学——科学、影响、适应及对策研究 [M]．北京：中国环境科学出版社，2009.

[42] 董鸿鹏，吕杰，周艳波．农户技术选择行为的影响因素分析 [J]．农业经济，2007（8）：60－61.

[43] 杜景新，赵荣钦，肖连刚等．基于"水—能"关联的河南省农业灌溉过程的碳排放研究 [J]．灌溉排水学报，2020，39（10）：82－90.

[44] 杜文献．气候变化对农业影响的研究进展——基于李嘉图模型的视角 [J]．经济问题探索，2011（1）：154－158.

[45] 范建双，虞晓芬，周琳．南京市土地利用结构碳排放效率增长及其空间相关性 [J]．地理研究，2018，37（11）：2177－2192.

[46] 房茜，吴文祥，周扬．气候变化对农作物产量影响的研究方法综述 [J]．江苏农业科学，2012，40（4）：12－16.

[47] 冯猛，基层政府与地方产业选择——基于四东县的调查 [J]．社会学研究，2014，29（2）：145－169.

[48] 符琳，李维京，张培群等．用经济—气候模型模拟粮食单产的方法探究 [J]．气候变化研究进展，2011，7（5）：330－335.

[49] 付雪丽，张惠，贾继增等．冬小麦—夏玉米"双晚"种植模式的产量形成及资源效率研究 [J]．作物学报，2009，35（9）：1708－1714.

[50] 付雨晴，丑洁明，董文杰．气候变化对中国经济系统的影响及评估方法评述 [J]．气象科技进展．2013，3（2）：41－48.

[51] 高雷．农户采纳行为内外部影响因素分析——基于新疆石河子

地区膜下滴灌节水技术采纳研究 [J]. 农村经济, 2010 (5): 84 – 88.

[52] 高鲁鹏, 梁文举, 赵军等. 气候变化对黑土有机碳库影响模拟研究 [J]. 辽宁工程技术大学学报, 2005, 24 (2): 288 – 291.

[53] 高素华, 郭建平, 赵四强等. "高温" 对我国小麦生长发育及产量的影响 [J]. 大气科学, 1996, 20 (5): 599 – 605

[54] 高素华, 王春乙. CO_2 浓度升高对冬小麦大豆籽粒成分的影响 [J]. 环境科学, 1994, 15 (5): 24 – 30.

[55] 葛道阔, 金之庆. 气候及其变率变化对长江中下游稻区水稻生产的影响 [J]. 中国水稻科学, 2009, 23 (1): 57 – 64.

[56] 葛全胜, 戴君虎, 何凡能等. 过去 300 年中国土地利用、土地覆被变化与碳循环研究 [J]. 中国科学 (D 辑: 地球科学), 2008 (2): 197 – 210.

[57] 葛全胜, 曲建升, 曾静静等. 国际气候变化适应战略与态势分析 [J]. 气候变化研究进展. 2009, 5 (6): 369 – 375.

[58] 苟露峰, 高强, 汪艳涛. 新型农业经营主体技术选择的影响因素 [J]. 中国农业大学学报, 2015, 20 (1): 237 – 244.

[59] 关付新. 中部粮食主产区现代粮农培育问题研究——基于河南省农户的分析 [J]. 农业经济问题, 2010, 31 (7): 69 – 77, 111 – 112.

[60] 郭建平, 高素华, 刘玲. 气象条件对作物品质和产量影响的试验研究 [J]. 气候与环境研究, 2001, 6 (3): 361 – 367.

[61] 国家统计局农村社会经济调查司. 中国农村统计年鉴 2019 [M]. 北京: 中国统计出版社, 2019.

[62] 国鲁来. 农业技术创新诱致的组织制度创新——农民专业协会在农业公共技术创新体系建设中的作用 [J]. 中国农村观察, 2003 (5): 24 – 31.

[63] 韩洪云, 赵连阁. 农户灌溉技术选择行为的经济分析 [J]. 中国农村经济, 2000 (11): 70 – 74.

[64] 韩青, 谭向勇. 农户灌溉技术选择的影响因素分析 [J]. 中国

农村经济, 2004（1）: 63 – 69.

[65] 韩荣青, 潘韬, 刘玉洁等. 华北平原农业适应气候变化技术集成创新体系 [J]. 地理科学进展, 2012（11）: 1537 – 1545.

[66] 郝金良, 王冬, 薛新伟. 天气政策因素对我国粮食增产作用的定量分析及政策模拟 [J]. 农业系统科学与综合研究. 1998, 14（1）: 36 – 41.

[67] 何艳秋, 陈柔, 吴昊玥等. 中国农业碳排放空间格局及影响因素动态研究 [J]. 中国生态农业学报, 2018, 26（9）: 1269 – 1282.

[68] 贺京, 李涵茂, 方丽等. 秸秆还田对中国农田土壤温室气体排放的影响 [J]. 中国农学通报, 2011, 27（20）: 246 – 250.

[69] 侯麟科, 仇焕广, 汪阳洁等. 气候变化对我国农业生产的影响——基于多投入多产出生产函数的分析 [J]. 农业技术经济, 2015（3）: 4 – 14.

[70] 侯向阳, 韩颖. 内蒙古典型地区牧户气候变化感知与适应的实证研究 [J]. 地理研究, 2011, 30（10）: 1753 – 1764.

[71] 胡婉玲, 张金鑫, 王红玲. 中国农业碳排放特征及影响因素研究 [J]. 统计与决策, 2020, 36（5）: 56 – 62.

[72] 黄秉维. 自然地理综合工作六十年 [M]. 北京: 科学出版社, 1993.

[73] 黄淳, 李彬. 不确定性经济学研究综述 [J]. 经济学动态, 2004（1）: 63 – 68.

[74] 黄德林, 李喜明, 鞠劲芃. 气候变化对中国粮食生产、消费及经济增长的影响研究 [J]. 中国农学通报, 2016, 32（20）: 165 – 176.

[75] 黄季焜, Scott Rozelle. 技术进步和农业生产发展的原动力——水稻生产力增长的分析 [J]. 农业技术经济, 1993（6）: 21 – 29.

[76] 黄季焜, 李宁辉. 中国农业政策分析和预测模型——CAPSiM [J]. 南京农业大学学报, 2004（2）: 30 – 41.

[77] 黄维, 邓祥征, 何书金等. 中国气候变化对县域粮食产量影响

计量经济分析 [J].地理科学进展,2010,29 (6):677-683.

[78] 黄晓敏,陈长青,陈铭洲等.2004—2013年东北三省主要粮食作物生产碳足迹 [J].应用生态学报,2016,27 (10):3307-3315.

[79] 贾建英,郭建平.东北地区近46年玉米气候资源变化研究 [J].中国农业气象,2009,30 (3):302-307.

[80] 江敏.金之庆,高亮之等.全球气候变化对中国小麦生产的阶段性影响 [J].江苏农业学报,1998,14 (2):90-95.

[81] 金之庆,葛道阔,石春林等.东北平原适应全球气候变化的若干粮食生产对策的模拟研究 [J].作物学报,2002,28 (1):24-31

[82] 金之庆.全球气候变化对中国粮食生产影响的模拟研究 [D].南京:南京农业大学,1996.

[83] 康洪,彭振斌,康琼.农民参与是实现农村环境有效管理的重要途径 [J].农业现代化研究,2009 (5):579-583.

[84] 柯楠,卢新海,匡兵等.碳中和目标下中国耕地绿色低碳利用的区域差异与影响因素 [J].中国土地科学,2021,35 (8):67-76.

[85] 孔祥智,方松海,庞晓鹏等.西部地区农户禀赋对农业技术采纳的影响分析 [J].经济研究,2004 (12):85-95.

[86] 孔祥智等.西部地区农业技术应用的效果、安全性及影响因素研究 [M].北京:中国农业出版社,2005.

[87] 旷爱萍,胡超.广西农业碳排放时空特征及经济关联性研究——基于投入视角 [J].资源开发与市场,2021,37 (6):663-669.

[88] 雷玉琼,朱寅茸.中国农村环境的自主治理路径研究——以湖南省浏阳市金塘村为例 [J].学术论坛,2010 (8):130-133.

[89] 李波,杜建国,刘雪琪.湖北省农业碳排放的时空特征及经济关联性 [J].中国农业科学,2019,52 (23):4309-4319.

[90] 李波,王春好,张俊飚.中国农业净碳汇效率动态演进与空间溢出效应 [J].中国人口·资源与环境,2019,29 (12):68-76.

[91] 李波,张俊飚,李海鹏.中国农业碳排放时空特征及影响因素

分解 [J]. 中国人口·资源与环境, 2011, 21 (8): 80 - 86.

[92] 李存东, 曹卫星, 李旭等. 论作物信息技术及其发展战略 [J]. 农业现代化研究, 1998, 19 (1): 17 - 20.

[93] 李广, 黄高宝. 基于 APSIM 模型的降水量分配对旱地小麦和豌豆产量影响的研究 [J]. 中国生态农业学报, 2010, 18 (2): 342 - 347.

[94] 李寒冰, 金晓斌, 杨绪红等. 不同农田管理措施对土壤碳排放强度影响的 Meta 分析 [J]. 资源科学, 2019, 41 (9): 1630 - 1640.

[95] 李虎, 邱建军, 王立刚等. 适应气候变化: 中国农业面临的新挑战 [J]. 中国农业资源与区划, 2012 (12): 23 - 28.

[96] 李克让, 陈育峰. 中国全球气候变化影响研究方法的进展 [J]. 地理研究, 1999, 18 (2): 214 - 219.

[97] 李美娟. 气候变化对我国粮食单产影响的实证分析 [D]. 北京: 中国农业科学院, 2014.

[98] 李宁辉. 粮食主产区农民收入动态检测 [R]. 课题报告, 2004.

[99] 李西良, 侯向阳, 丁勇等. 天山北坡家庭牧场尺度气候变化感知与响应策略 [J]. 生态学报, 2013, 33 (17): 5353 - 5362.

[100] 李希辰, 鲁传一. 我国农业部门适应气候变化的措施、障碍与对策分析 [J]. 农业现代化研究, 2011 (3): 324 - 327.

[101] 李喜明, 黄德林, 李新. 考虑 CO_2 肥效作用的气候变化对中国玉米生产、消费的影响——基于中国农业一般均衡模型 [J]. 中国农学通报, 2014, 30 (17): 236 - 244.

[102] 李祎君, 王春乙, 赵蓓等. 气候变化对中国农业气象灾害与病虫害的影响 [J]. 农业工程学报, 2010 (S1): 200 - 205.

[103] 李勇, 杨晓光, 王文峰等. 气候变化背景下中国农业气候资源变化: I. 华南地区农业气候资源时空变化特征 [J]. 应用生态学报, 2010, 21 (10): 2605 - 2614.

[104] 李长生, 肖向明, Frolking S 等. 中国农田的温室气体排放 [J]. 第四纪研究, 2003 (5): 493 - 503.

［105］李志刚. 基于可计算一般均衡模型的农业政策模拟研究［J］. 安徽农业科学, 2012, 40 (16): 9161 –9163.

［106］李周, 刘长全. 西部农村减缓贫困的进展、现状与推进思路［J］. 区域经济评论, 2013 (2): 11 –19.

［107］联合国开发计划署. 应对气候变化: 分化世界中的人类团结 (2007/2008 年度人类发展报告)［R/OL］. https: //hdr. undp. org/system/ files/documents/8 – hdr – chinese. 8 – hdr – chinese.

［108］梁青青. 我国农地资源利用的碳排放测算及驱动因素实证分析［J］. 软科学, 2017, 31 (1): 81 –84.

［109］廖西元, 王志刚, 朱述斌等. 基于农户视角的农业技术推广行为和推广绩效的实证分析［J］. 中国农村经济. 2008 (7): 319 –321.

［110］林而达, 吴绍洪, 戴晓苏等. 气候变化影响的最新认识［J］. 气候变化研究进展, 2007, 3 (3): 125 –131.

［111］林而达, 张厚瑄, 王京华. 全球气候变化对中国农业影响的模拟［M］. 北京: 中国农业科技出版社, 1997.

［112］林而达. 气候变化与农业可持续发展［M］. 北京: 北京出版社, 2001.

［113］林学椿, 于淑秋. 近四十年我国气候趋势［J］. 气象, 1990, 16 (10): 16 –22.

［114］林毅夫, 沈明高. 我国农业技术变迁的一般经验和政策含义［J］. 经济社会体制比较, 1990 (2): 10 –18.

［115］林毅夫. 制度、技术与中国农业发展［M］. 上海: 上海三联书店, 上海人民出版社, 1994.

［116］林忠辉, 莫兴国, 项月琴. 作物生长模型研究综述［J］. 作物学报, 2003 (9): 750 –758.

［117］刘博文, 张贤, 杨琳. 基于 LMDI 的区域产业碳排放脱钩努力研究［J］. 中国人口·资源与环境, 2018, 28 (4): 78 –86.

［118］刘德祥, 董安祥, 陆登荣. 中国西北地区近 43 年气候变化及

其对农业生产的影响 [J]. 干旱地区农业研究, 2005, 23 (2): 195 - 201.

[119] 刘恩财, 谢立勇, 赵洪亮等. 关于农业应对气候变化的适应能力建设问题 [J]. 农业经济 2010 (1): 3 - 5.

[120] 刘华民, 王立新, 杨劼等. 农牧民气候变化适应意愿及影响因素 [J]. 干旱区研究, 2013 (1): 89 - 95.

[121] 刘华周, 马康贫. 农民文化素质对农业技术选择的影响 [J]. 调研世界, 1998 (10): 29 - 31.

[122] 刘建栋, 付抱璞, 金之庆等. 应用 ARID - CROP 模型对中国黄淮海地区冬小麦气候生产力的数值模拟研究 [J]. 自然资源学报, 1997, 12 (3): 282 - 287.

[123] 刘杰云, 邱虎森, 张文正等. 节水灌溉对农田土壤温室气体排放的影响 [J]. 灌溉排水学报, 2019, 38 (6): 1 - 7.

[124] 刘丽华, 蒋静艳, 宗良纲. 农业残留物燃烧温室气体排放清单研究: 以江苏省为例 [J]. 环境科学, 2011, 32 (5): 1242 - 1248.

[125] 刘乃壮, 刘长民, 宋兆民等. 农田防护林体系对地方气候影响的研究 [J]. 林业科学, 1990, 25 (3): 193 - 200.

[126] 刘婷婷, 马忠玉, 马力克等. 关于政府决策者制定与实施地方适应气候变化规划的调查研究 [J]. 生态经济, 2016. 32 (5): 14 - 18.

[127] 刘晓敏, 王慧军. 黑龙港区农户采用农艺节水技术意愿影响因素的实证分析 [J]. 农业技术经济, 2010 (9): 73 - 79.

[128] 刘彦随, 刘玉, 郭丽英. 气候变化对中国农业生产的影响及应对策略 [J]. 中国生态农业学报, 2010 (4): 905 - 910.

[129] 刘燕华, 钱凤魁, 王文涛等. 应对气候变化的适应技术框架研究 [J]. 中国人口资源与环境, 2013, 23 (5): 1 - 6.

[130] 刘珍环, 杨鹏, 吴文斌等. 自然环境因素对农户选择种植作物的影响机制——以黑龙江省宾县为例 [J]. 中国农业科学, 2013, 46 (15): 3238 - 3247.

[131] 刘志强, 刘居东, 韩晓增. 我国农业资源环境评价与粮食主产

区的研究 [J]. 农业技术经济, 2003 (1): 19 - 23.

[132] 陆伟婷, 于欢, 曹胜男等. 近 20 年黄淮海地区气候变暖对夏玉米生育进程及产量的影响 [J]. 中国农业科学, 2015, 48 (16): 3132 - 3145

[133] 罗海秀. 重庆市 21 世纪气候因子变化对小麦生长发育和产量的影响——基于 Ecosys 模型模拟研究 [D]. 重庆: 西南大学, 2014.

[134] 罗慧, 许小峰. 中国经济行业产出对气象条件变化的敏感性影响 [J]. 自然资源学报, 2010, 25 (1): 112 - 120.

[135] 骆继宾, 赵宗慈. 气候变化的事实和理论讨论会 [J]. 气象, 1980 (7): 32 - 33.

[136] 吕美晔, 王凯. 山区农户绿色农产品生产的意愿研究 [J]. 农业技术经济, 2004 (5): 33 - 37.

[137] 吕亚荣, 陈淑芬. 农民对气候变化的认知及适应性行为分析 [J]. 中国农村经济, 2010 (7): 75 - 86.

[138] 马雅丽, 王志伟, 栾青等. 玉米产量与生态气候因子的关系 [J]. 中国农业气象, 2009, 30 (4): 565 - 568.

[139] 满志敏. 中国历史时期气候变化研究 [M]. 济南: 山东教育出版社, 2009.

[140] 毛婧杰. 基于 APSIM 模型的旱地小麦水肥协同效应分析 [D]. 兰州: 甘肃农业大学, 2013.

[141] 孟军, 范婷婷. 黑龙江省农业碳排放动态变化影响因素分析 [J]. 生态经济, 2020, 36 (12): 34 - 39.

[142] 闵继胜, 胡浩. 中国农业生产温室气体排放量的测算 [J]. 中国人口·资源与环境, 2012, 22 (7): 21 - 27.

[143] 宁晓菊, 秦耀辰, 崔耀平等. 60 年来中国农业水热气候条件的时空变化 [J]. 地理学报. 2015 (3): 364 - 379.

[144] 潘根兴, 高民, 胡国华等. 气候变化对中国农业生产的影响 [J]. 农业环境科学学报, 2011, 30 (9): 1698 - 1706.

[145] 潘家华，廖茂林，陈素梅. 碳中和：中国能走多快？ [J]. 改革，2021（7）：1 – 13.

[146] 潘家华，郑艳. 适应气候变化的分析框架及政策涵义 [J]. 中国人口·资源与环境，2010（10）：1 – 5.

[147] 潘家华，庄贵阳，陈迎. 减缓气候变化的经济分析 [M]. 北京：气象出版社，2003：23 – 31.

[148] 潘家华. 气候变化的经济学属性与定位 [J]. 江淮论坛. 2014（6）：5 – 11.

[149] 潘家华. 压缩碳排放峰值 加速迈向净零碳 [J]. 环境经济研究，2020，5（4）：1 – 10.

[150] 彭立群，张强，贺克斌. 基于调查的中国秸秆露天焚烧污染物排放清单 [J]. 环境科学研究，2016，29（8）：1109 – 1118.

[151] 彭文甫，周介铭，徐新良等. 基于土地利用变化的四川省碳排放与碳足迹效应及时空格局 [J]. 生态学报，2016，36（22）：7244 – 7259.

[152] 齐玉春，郭树芳，董云社等. 灌溉对农田温室效应贡献及土壤碳储量影响研究进展 [J]. 中国农业科学，2014，47（9）：1764 – 1773.

[153] 祁新华，杨颖，金星星等. 农户对气候变化的感知与生计适应——基于中部与东部村庄的调查对比 [J]. 生态学报，2017，37（1）：286 – 293.

[154] 千怀遂，魏东岚. 气候对河南省小麦产量的影响及其变化研究 [J]. 自然资源学报，2000，15（2）：149 – 154.

[155] 钱凤魁，王文涛，刘燕华. 农业领域应对气候变化的适应措施与对策 [J]. 中国人口·资源与环境，2014，24（5）：19 – 24.

[156] 仇焕广，栾昊，李瑾，汪阳洁. 风险规避对农户化肥过量施用行为的影响 [J]. 中国农村经济，2014（3）：85 – 96.

[157] 秦大河，陈振林，罗勇等. 气候变化科学的最新认识 [J]. 气候变化研究进展，2007，3（2）：63 – 73.

[158] 秦大河. 中国西部环境演变评估 [M]. 北京：科学出版社，2002.

[159] 秦小光，李长生，蔡炳贵. 气候变化对黄土碳库效应影响的敏感性研究 [J]. 第四纪研究，2001，21 (2)：154 – 161.

[160] 覃志豪，徐斌，李茂松等. 我国主要农业气象灾害机理与监测研究进展 [J]. 自然灾害学报，2005，14 (2)：61 – 69.

[161] 曲福田，卢娜，冯淑怡. 土地利用变化对碳排放的影响 [J]. 中国人口·资源与环境，2011 (10)：76 – 83.

[162] 任国玉，徐铭志，初子莹等. 中国气温变化研究的最新进展 [J]. 气候与环境研究，2005 (4)：710 – 716.

[163] 任美锷. 四川省农作物生产力的地理分布 [J]. 地理学报，1950，16 (1)：1 – 22.

[164] 任正果，张明军，王圣杰等. 1961 – 2011 年中国南方地区极端降水时间变化 [J]. 地理学报，2014，69 (5)：640 – 649.

[165] 尚杰，杨果，于法稳. 中国农业温室气体排放量测算及影响因素研究 [J]. 中国生态农业学报，2015，23 (3)：354 – 364.

[166] 史晓亮，李颖，邓荣鑫. 基于 RS 和 GIS 的农田防护林对作物产量影响的评价方法 [J]. 农业工程学报，2016，32 (6)：175 – 181.

[167] 宋莉莉，王秀东. 美国世纪大旱引发的思考——农业生产如何应对气候变化 [J]. 中国农业科技导报，2012，14 (6)：1 – 5.

[168] 宋梦美，安萍莉，江丽等. 1993 – 2013 年吉林省主粮作物种植布局及其水热资源利用效率评估 [J]. 资源科学，2017，39 (3)：501 – 512.

[169] 宋妮，孙景生，王景雷等. 河南省冬小麦需水量的时空变化及影响因素 [J]. 应用生态学报. 2014，25 (6)：1693 – 1700.

[170] 速水佑次郎，拉坦. 农业发展的国际分析 [M]. 郭熙宝等译，北京：中国社会科学出版社，2000.

[171] 孙宁. 作物模拟技术在气候变化对农业生产影响研究中的应用

[J]. 地学前沿, 2002, 9 (1): 232 –232.

[172] 谭秋成. 中国农业温室气体排放: 现状及挑战 [J]. 中国人口·资源与环境, 2011, 21 (10): 69 –75.

[173] 谭智心. 农民对气候变化的认知及适应行为: 山东证据 [J]. 重庆社会科学, 2011 (3): 56 –61.

[174] 唐海明, 程凯凯, 肖小平等. 不同冬季覆盖作物对双季稻田土壤有机碳的影响 [J]. 应用生态学报, 2017, 28 (2): 465 –473.

[175] 唐洪松, 马惠兰, 苏洋等. 新疆不同土地利用类型的碳排放与碳吸收 [J]. 干旱区研究, 2016, 33 (3): 486 –492.

[176] 唐华俊, 陈佑启, 邱建军等. 中国土地利用/土地覆盖变化研究 [M]. 北京: 中国农业科学技术出版社, 2004.

[177] 唐华俊, 周清波. 资源遥感与数字农业: 3S 技术与农业应用 [M]. 北京: 中国农业科学技术出版社, 2009.

[178] 田云, 张俊飚, 李波. 中国农业碳排放研究: 测算、时空比较及脱钩效应 [J]. 资源科学, 2012, 34 (11): 2097 –2105.

[179] 汪杰贵. 超越公共事务自主治理制度的供给困境——基于自治组织的社会资本积累视角 [J]. 社会主义研究, 2011 (1): 66 –71.

[180] 汪韬, 李文军, 李艳波. 干旱半干旱区牧民对气候变化的感知及应对行为分析——基于内蒙古克什克腾旗的案例研究 [J]. 北京大学学报 (自然科学版), 2012 (3): 285 –295.

[181] 汪阳洁, 仇焕广, 陈晓红. 气候变化对农业影响的经济学方法研究进展 [J]. 中国农村经济, 2015 (9): 4 –16.

[182] 王宝华, 付强, 谢永刚等. 国内外洪水灾害经济损失评估方法综述 [J]. 灾害学, 2007, 84 (3): 95 –99.

[183] 王灿, 陈吉宁, 邹骥. 基于 CGE 模型的 CO_2 减排对中国经济的影响 [J]. 清华大学学报 (自然科学版), 2005, 45 (2): 1621 –1624.

[184] 王灿, 陈吉宁, 邹骥. 可计算一般均衡模型理论及其在气候变化研究中的应用 [J]. 上海环境科学, 2003, 22 (3): 206 –212.

[185] 王丹. 气候变化对中国粮食安全的影响及对策研究 [D]. 武汉：华中农业大学，2009.

[186] 王馥棠，王石立，李玉样. 气候变化对我国东部主要农业区粮食生产影响的模拟试验 [M]. 北京：气象出版社，1993.

[187] 王馥棠. 近十年我国气候变暖影响研究的若干进展 [J]. 应用气象学报，2002，13 (6): 755 – 766.

[188] 王馥棠. 农业气象产量预报（上）[J]. 气象，1986 (10): 39 – 43.

[189] 王鹤玲. 增温和降水变化对半干旱区春小麦影响及作物布局对区域气候变化的响应研究 [D]. 兰州：甘肃农业大学，2013.

[190] 王辉，王鹏云，曾艳等. 昆明水稻生育期气候因子定量评价 [J]. 安徽农业科学，2014，42 (26): 9081 – 9082, 9189.

[191] 王佳丽，黄贤金，郑泽庆. 区域规划土地利用结构的相对碳效率评价 [J]. 农业工程学报，2010，26 (7): 302 – 306.

[192] 王建林，徐正进，冯永祥等. 作物超高产栽培与株型育种的光合作用基础——以水稻为例 [J]. 中国农学通报，2004，20 (5): 130 – 133.

[193] 王剑，薛东前，马蓓蓓等. 西北 5 省耕地集约利用与农业碳排放时空耦合关系研究 [J]. 环境科学与技术，2019，42 (1): 211 – 217.

[194] 王丽. 气候变化问题研究中的一般均衡模型 [J]. 中国人口?资源与环境，2010，20 (7): 38 – 41.

[195] 王全忠，周宏，陈欢等. 农户对气候变化感知的有效性分析——以江苏省水稻种植为例 [J]. 技术经济，2014 (2): 71 – 76.

[196] 王若梅，马海良，王锦. 基于水—土要素匹配视角的农业碳排放时空分异及影响因素——以长江经济带为例 [J]. 资源科学，2019，41 (8): 1450 – 1461.

[197] 王绍武，蔡静宁，朱锦红等. 中国气候变化的研究 [J]. 气候与环境研究，2002，7 (2): 137 – 145.

[198] 王绍武，黄建斌. 全新世中期的旱涝变化与中华古文明的进程 [J]. 自然科学进展，2006，16 (10)：1238 – 1244.

[199] 王绍武，罗勇，赵宗慈等. 平衡气候敏感度 [J]. 气候变化研究进展，2012 (3)：232 – 234.

[200] 王石立. 气候变化对黄淮海地区小麦产量可能影响的模拟试验 [M]. 北京：气象出版社，1991.

[201] 王树会，张旭博，孙楠等. 2050 年农田土壤温室气体排放及碳氮储量变化 SPACSYS 模型预测 [J]. 植物营养与肥料学报，2018，24 (6)：1550 – 1565.

[202] 王伟光，郑国光. 应对气候变化报告 [M]. 北京：社会科学文献出版社，2011.

[203] 王向辉，雷玲. 气候变化对农业可持续发展的影响及适应对策 [J]. 云南师范大学学报 (哲学社会科学版)，2011 (7)：18 – 24.

[204] 王小彬，武雪萍，赵全胜等. 中国农业土地利用管理对土壤固碳减排潜力的影响 [J]. 中国农业科学，2011，44 (11)：2284 – 2293.

[205] 王晓毅. 互动中的社区管理——克什克腾旗皮房村民组民主协商草场管理的实验 [J]. 开放时代，2009 (4)：36 – 49.

[206] 王晓煜，杨晓光，孙爽等. 气候变化背景下东北三省主要粮食作物产量潜力及资源利用效率比较 [J]. 应用生态学报，2015，26 (10)：3091 – 3102.

[207] 王兴，马守田，濮超等. 西南地区农业碳排放趋势及影响因素研究 [J]. 中国人口·资源与环境，2017，27 (S2)：231 – 234.

[208] 王长建，汪菲，张虹鸥. 新疆能源消费碳排放过程及其影响因素——基于扩展的 Kaya 恒等式 [J]. 生态学报，2016，36 (8)：2151 – 2163.

[209] 王长燕，赵景波，李小燕. 华北地区气候暖干化的农业适应性对策研究 [J]. 干旱区地，2006 (10)：646 – 652.

[210] 王铮，黎华群，孔祥德等. 气候变暖对中国农业影响的历史借

鉴 [J] 自然科学进展, 2005, 15 (6): 706 - 713.

[211] 魏冬岚. 豫东地区降水量对冬小麦产量的影响 [J]. 河南大学学报 (自然科学版), 1999, 29 (4): 66 - 70.

[212] 魏洪斌, 吴克宁, 赵华甫等. 中国中部粮食主产区耕地等别空间分布特征 [J]. 资源科学, 2015, 37 (8): 1552 - 1560.

[213] 文高辉, 胡冉再琪, 唐璇等. 洞庭湖区耕地利用碳排放与生态效率时空特征 [J]. 生态经济, 2022 (7): 132 - 138.

[214] 吴昊玥, 黄瀚蛟, 陈文宽. 中国粮食主产区耕地利用碳排放与粮食生产脱钩效应研究 [J]. 地理与地理信息科学, 2021, 37 (6): 85 - 91.

[215] 吴萌, 任立, 陈银蓉. 城市土地利用碳排放系统动力学仿真研究——以武汉市为例 [J]. 中国土地科学, 2017, 31 (2): 29 - 39.

[216] 吴婷婷. 南方稻农气候变化适应行为影响因素分析 [J]. 中国生态农业学报, 2015, 23 (12): 1588 - 1596.

[217] 吴贤荣, 张俊飚, 田云等. 中国省域农业碳排放: 测算、效率变动及影响因素研究——基于 DEA - Malmquist 指数分解方法与 Tobit 模型运用 [J]. 资源科学, 2014, 36 (1): 129 - 138.

[218] 伍芬琳, 李琳, 张海林等. 保护性耕作对农田生态系统净碳释放量的影响 [J]. 生态学杂志, 2007 (12): 2035 - 2039.

[219] 肖风劲, 张东海, 王春乙等. 气候变化对我国农业的可能影响及适应性对策 [J]. 自然灾害学报, 2006 (6), 327.

[220] 肖国举, 张强, 王静. 全球气候变化对农业生态系统的影响研究进展 [J]. 应用生态学报, 2007 (8): 1877 - 1885.

[221] 肖辉林, 郑习健. 土壤变暖对土壤微生物活性的影响 [J]. 土壤与环境, 2001, 10 (2): 138 - 142.

[222] 谢立勇, 郭明顺, 刘恩财等. 农业适应气候变化的行动与展望 [J]. 农村经济, 2009 (12): 35 - 36.

[223] 徐为根, 吴洪颜, 张仁祖. 用多元积分回归方法分析降水对小麦产量的影响 [J]. 江苏农业科学, 2004 (1): 24 - 27.

［224］许红. 我国粮食生产的变化趋势及空间分异研究 ［J］. 中国农业资源与区划，2020，41（9）：146－154.

［225］杨晓光，刘志娟，陈阜. 全球气候变暖对中国种植制度可能影响：I. 气候变暖对中国种植制度北界和粮食产量可能影响的分析 ［J］. 中国农业科学，2010，43（2）：329－336.

［226］叶彩玲，霍治国. 气候变暖对我国主要农作物病虫害发生趋势的影响 ［J］. 中国农业信息快讯，2001（4）：9－10.

［227］殷文，史倩倩，郭瑶等. 秸秆还田、一膜两年用及间作对农田碳排放的短期效应 ［J］. 中国生态农业学报，2016，24（6）：716－724.

［228］尤莉，顾润源，陈廷芝. 内蒙古农作物产量气候影响因子分析与评估 ［J］. 干旱区资源与环境，2010（11）：79－82.

［229］于法稳，屈忠义. 灌溉水价对农户行为的影响分析——以内蒙古河套灌区为例 ［J］. 中国农村观察，2005（1）：40－44.

［230］俞国良，王青兰，杨治根. 环境心理学 ［M］. 北京：人民教育出版社，2000.

［231］袁路，潘家华. Kaya 恒等式的碳排放驱动因素分解及其政策含义的局限性 ［J］. 气候变化研究进展，2013，9（3）：210－215.

［232］云雅如，方修琦，田青. 乡村人群气候变化感知的初步分析——以黑龙江省漠河县为例 ［J］. 气候变化研究进展，2009，5（2）：117－121.

［233］云雅如，方修琦，王媛等. 黑龙江省过去 20 年粮食作物种植格局变化及其气候背景 ［J］. 自然资源学报，2005，20（5）：697－705.

［234］翟凡，林暾，Enerelt Byambadorj. 气候变化对中国农业影响的一般均衡分析 ［R］. 马尼拉：亚洲开发银行，2009.

［235］张桂华，王艳秋，郑红等. 气候变暖对黑龙江省作物生产的影响及其对策 ［J］. 自然灾害学报，2004（6）：95－100.

［236］张鹤丰. 中国农作物秸秆燃烧排放气态、颗粒态污染物排放特征的实验室模拟 ［D］. 上海：复旦大学，2009.

[237] 张厚瑄. 中国种植制度对全球气候变化响应的有关问题: I. 气候变化对我国种植制度的影响 [J]. 中国农业气象, 2000, 21 (1): 9-13.

[238] 张建平, 赵艳霞, 王春乙等. 气候变化对我国华北地区冬小麦发育和产量的影响 [J]. 应用生态学报, 2006, 17 (7): 1179-1184.

[239] 张建平, 赵艳霞, 王春乙等. 气候变化对我国南方双季稻发育和产量的影响 [J]. 气候变化研究进展, 2005, 1 (4): 151-156.

[240] 张俊华, 李国栋, 南忠仁等. 黑河中游不同土地利用类型下土壤碳储量及其空间变化 [J]. 地理科学, 2011, 31 (8): 982-988.

[241] 张立新, 朱道林, 谢保鹏等. 中国粮食主产区耕地利用效率时空格局演变及影响因素——基于180个地级市的实证研究 [J]. 资源科学, 2017, 39 (4): 608-619.

[242] 张梅, 赖力, 黄贤金等. 中国区域土地利用类型转变的碳排放强度研究 [J]. 资源科学, 2013, 35 (4): 792-799.

[243] 张苗, 陈银蓉, 周浩. 基于面板数据的土地集约利用水平与土地利用碳排放关系研究——以1996~2010年湖北省中心城市数据为例 [J]. 长江流域资源与环境, 2015, 24 (9): 1464-1470.

[244] 张苗, 甘臣林, 陈银蓉. 基于SBM模型的土地集约利用碳排放效率分析与低碳优化 [J]. 中国土地科学, 2016, 30 (3): 37-45.

[245] 张明伟, 邓辉, 李贵才等. 模型模拟华北地区气候变化对冬小麦产量的影响 [J]. 中国农业资源与区划, 2011, 32 (4): 45-49.

[246] 张明园, SUN Z, 孔凡磊等. 耕作方式对华北农田土壤有机碳储量及温室气体排放的影响 [J]. 农业工程学报, 2012, 28 (6): 203-209.

[247] 张旺, 周跃云. 北京能源消费排放 CO_2 增量的分解研究——基于IDA法的LMDI技术分析 [J]. 地理科学进展, 2013, 32 (4): 514-521.

[248] 张心昱, 陈利顶, 傅伯杰等. 不同农业土地利用方式和管理对土壤有机碳的影响——以北京市延庆盆地为例 [J]. 生态学报, 2006 (10): 3198-3204.

[249] 张旭光. 气候变化对东北粮食作物生产潜力的影响 [D]. 长沙：湖南农业大学，2007.

[250] 张亚飞，张立杰. "一带一路" 核心区农业碳排放与农业经济增长研究 [J]. 东北农业科学，2020，45 (2): 106 - 110.

[251] 张宇，王石立，王馥棠. 气候变化对我国小麦发育及产量可能影响的模拟研究 [J]. 应用气象学报，2000，11 (3): 264 - 270.

[252] 张志红，王永安，马青荣等. 冬小麦生育期降水对产量敏感性分析 [J]. 安徽农业科学，2008，36 (28): 12134 - 12135.

[253] 赵锦，杨晓光，刘志娟等. 全球气候变暖对中国种植制度的可能影响：X. 气候变化对东北三省春玉米气候适宜性的影响 [J]. 中国农业科学，2014，47 (16): 3143 - 3156.

[254] 赵俊芳，杨晓光，刘志娟. 气候变暖对东北三省春玉米严重低温冷害及种植布局的影响 [J]. 生态学报，2009，29 (12): 6544 - 6551.

[255] 赵丽丽. 农户采用可持续农业技术的影响因素分析及政策建议 [J]. 经济问题探索，2006 (3): 87 - 90.

[256] 赵连杰，南灵，李晓庆等. 环境公平感知对农户耕地利用碳减排意愿的影响研究——来自陕、甘、晋、皖、苏 5 省 1023 个农户的微观调查 [J]. 干旱区资源与环境，2018，32 (12): 7 - 12.

[257] 赵荣钦，黄贤金，钟太洋等. 区域土地利用结构的碳效应评估及低碳优化 [J]. 农业工程学报，2013，29 (17): 220 - 229.

[258] 赵伟. 国外农业气候变化适应政策及对中国的启示 [J]. 世界农业，2013 (11): 74 - 76.

[259] 赵肖柯，周波. 种稻大户对农业新技术认知的影响因素分析 [J]. 中国农村观察，2012 (4): 29 - 37.

[260] 赵永，王劲峰. 经济分析 CGE 模型与应用 [M]. 北京：中国经济出版社，2008.

[261] 郑国光. 科学应对全球气候变暖提高粮食安全保障能力 [J]. 求是，2009 (23): 47 - 49.

［262］中国气象局气候变化中心.中国气候变化监测公报（2015 年）
［M］.北京：科学出版社，2015.

［263］中华人民共和国国家发展和改革委员会.国家适应气候变化战
略［EB/OL］.（2013－11－18）［2015－06－08］.http：//www.gov.cn/
gzdt/att/att/site1/20131209/001e3741a2cc140f6a8701.pdf.

［264］周洪华，李卫红，杨余辉等.干旱区不同土地利用方式下土壤
呼吸日变化差异及影响因素［J］.地理科学，2011（2）：190－196.

［265］周嘉，王钰萱，刘学荣等.基于土地利用变化的中国省域碳排
放时空差异及碳补偿研究［J］.地理科学，2019，39（12）：1955－1961.

［266］周洁红，唐利群，李凯.应对气候变化的农业生产转型研究进
展［J］.中国农村观察，2015（3）：74－86.

［267］周璟茹，赵华甫，吴金华.关中城市群土地集约利用与碳排放
关系演化特征研究［J］.中国土地科学，2017，31（11）：55－61，72.

［268］周旗，郁耀闯.关中地区公众气候变化感知的时空变异［J］.
地理研究，2009，28（1）：45－54.

［269］周曙东，周文魁，林光华等.未来气候变化对我国粮食安全的
影响［J］.南京农业大学学报，2013（13）：56－65.

［270］周曙东，周文魁，朱红根等.气候变化对农业的影响及应对措
施［J］.南京农业大学学报（社会科学版），2010，10（1）：34－39.

［271］周曙东，朱红根.气候变化对中国南方水稻产量的经济影响及
其适应策略［J］.中国人口·资源与环境，2010（10）：152－157.

［272］周思宇，郗凤明，尹岩等.东北地区耕地利用碳排放核算及驱
动因素［J］.应用生态学报，2021，32（11）：3865－3871.

［273］周义，覃志豪，包刚.气候变化对农业的影响及应对［J］.中
国农学通报，2011，27（32）：299－303.

［274］朱大威，金之庆.气候及其变率变化对东北地区粮食生产的影
响［J］.作物学报，2008（9）：1588－1597.

［275］朱红根，周曙东.南方稻区农户适应气候变化行为实证分

析——基于江西省 36 县 (市) 346 份农户调查数据 [J]. 自然资源学报, 2011 (7): 1119 - 1128.

[276] 朱丽娟, 向会娟. 粮食主产区农户节水灌溉采用意愿分析 [J]. 中国农业资源与区划, 2011 (6): 17 - 21.

[277] 朱明芬, 李南田. 农户采用农业新技术的行为差异及对策研究 [J]. 农业技术经, 2001 (2): 26 - 29.

[278] 朱廷曜, 关德新. 农田防护林生态工程学 [M]. 北京: 中国林业出版社, 2000.

[279] 朱希刚. 跨世纪的探索: 中国粮食问题研究 [M]. 北京: 中国农业出版社, 1997.

[280] 竺可桢. 论我国气候的几个特点及其与粮食作物生产的关系 [J]. 地理学报. 1964 (1): 1 - 13.

[281] 邹凤亮, 曹凑贵, 马建勇等. 基于 DNDC 模型模拟江汉平原稻田不同种植模式条件下温室气体排放 [J]. 中国生态农业学报, 2018, 26 (9): 1291 - 1301.

[282] 左停. 我国农村环境资源管理的非集中化实践——概念、背景与案例实证研究 [J]. 农村经济, 2004 (3): 5 - 8.

[283] Albersen P G, Keyzer F M, Sun L. Estimation of Agricultural Production Relations in the LUC Model for China [R]. Laxenburg, Austria: International Institute for Applied Systems Analysis, 2002.

[284] Anderies J M, Ryan P, Walker B H. Loss of resilience, crisis, and institutional change: Lessons from an intensive agricultural system in Southeastern Australia [J]. Ecosystems, 2006, 9 (6): 865 - 878.

[285] Ang B W. Decomposition analysis for policymaking in energy [J]. Energy Policy, 2004, 32 (9): 1131 - 1139.

[286] Anokye J, Logah V, Opoku A. Soil carbon stock and emission: estimates from three land-use systems in Ghana [J]. Ecological Processes, 2021, 10 (1).

[287] Antonella B, Gerard B, Marco B, et al. European winegrowers' perceptions of climate change impact and options for adaptation [J]. Environmental Change, 2009 (1): 61 – 73.

[288] Antwi-Agyei P, Dougill A J, Stringer L C, et al. Adaptation opportunities and maladaptive outcomes in climate vulnerability hotspots of northern Ghana [J]. Climate Risk Management, 2018, 19: 83 – 93.

[289] Bell M J, Worrall F, Smith P, et al. UK land-use change and its impact on SOC: 1925 – 2007 [J]. Global Biogeochemical Cycles, 2011, 25 (4): n/a – n/a.

[290] Below T B, Mutabazi K D, Kirschke D, et al. Can farmers' adaptation to climate change be explained by socio-economic household-level variables? [J] Global Environmental Change, 2012, 22: 223 – 235.

[291] Bo L, Suying F U, Junbiao Z, et al. Carbon Functions of Agricultural Land Use and Economy across China: A Correlation Analysis [J]. Energy Procedia, 2011 (5): 1949 – 1956.

[292] Bohensky E L, Smajgl A, Brewer T. Patterns in household-level engagement with climate change in Indonesia [J]. Nature Climate Change, 2012 (9): 1 – 4.

[293] Brondizio E S, Moran E F. Human dimensions of climate change: The vulnerability of small farmers in the Amazon [J]. Philosophical Transaction of the Royal Society of London B, 2008, 363: 1803 – 1809.

[294] Chen S, Chen X, Xu J. Impacts of Climate Change on Agriculture: Evidence from China [J]. Journal of Environmental Economics and Management, 2016, 76 (3): 105 – 124.

[295] Chen S, Chen X, Xu J. The Economic Impact of Weather Variability on China's Rice Sector [R/OL]. EfD and RFF Discussion Paper Series, Environmental for Development (EfD) DP 14 – 13 – REV, http://www. efdinitiative. org/publications/economic-impactweather-variability-chinas-rice-sector,

2014.

[296] Cline W R. Global Warming and Agriculture: Impact Estimates by Country [R]. Center for Global Development and Peterson Institute for International Economics, Washington, D. C. , 2007.

[297] Cline W R. Scientific basis for the greenhouse effect [J]. The Economic Journal, 1992, 101 (407): 904 – 919.

[298] Cline W R. The impact of global warming on agriculture: Comment [J]. American Economic Review, 1996, 86: 1309 – 1312.

[299] Darwin R M, Tsigas J, Lewabdrowski, et al. World Agriculture and Climate Change [R]. Agricultural Economic Report No. 703, US Department of Agriculture, Economic Research Service, Washington, D. C. , 1995.

[300] Darwin R. The impact of global warming on agriculture: A Ricardian analysis: Comment [J]. American Economic Review, 1999, 89: 1049 – 1052.

[301] Derssa T T, Hassan R M, Ringler C, et al. Determinants of farmer's choice of adaptation methods to climate change in the Nile Basin of Ethiopia [J]. Global Environment Change, 2009, 19: 248 – 255.

[302] Deschênes O, Greenstone M. The Economic Impacts of Climate Change: Evidence from Agricultural Output and Random Fluctuations in Weather [J]. The American Economic Review, 2007, 97 (1): 354 – 385.

[303] Di Falco S, Veronesi M, Yesuf M. Does adaptation to climate change provide food security? A micro-perspective from Ethiopia [J]. American Journal of Agriculture Economics, 2011, 93 (3): 829 – 846.

[304] Dong W J, Chou J M, Ye D Z. A new economic assessment index for the impact of climate change on grain yield [J]. Advances in Atmospheric Sciences, 2007, 24: 336 – 342.

[305] Easterling W E, Aggarwal P. Food, Fiber and Forest Products [M]// Parry M L, Canziani O F, Palutikof J P, et al. Climate Change, 2007:

Impacts, Adaptation and Vulnerability. Cambridge: Cambridge University Press, 2007.

[306] Easterling W E. Adapting North American agriculture to climate change in review [J]. Agricultural and Forest Meteorology, 1996, 80: 1 – 53.

[307] EU. FACCE – JPI Strategic Research Agenda [EB/OL]. (2012). http: //www. epsoweb. org/file/1240.

[308] FAO. Food and Agriculture Data [R]. FAO: Rome, Italy, 2018.

[309] Feder G, Slade R. The acquisition of information and the adoption of new technology [M]. American Journal of Agriculture Economics, 1984, 66 (3): 312 – 320.

[310] Fisher A C, Hanemann W M, Roberts M J. The Economic Impacts of Climate Change: Evidence from Agriculture output and random fluctuations in weather [J]. American Economic Review, 2012, 102 (7): 3749 – 3760.

[311] Gifford R, Angus J, Barrett D, et al. Climate change and Australian wheat yield [J]. Nature, 1998, 391: 448 – 449.

[312] Gitay H, Brown S, Easterling A, et al. Ecosystems and their goods and services [M]// Maccarthy J J, Canziani O F, Leary N A, et al. Climate Change 2001: Impacts, Adaptation, and Vulnerability. New York: Cambridge University Press, 2001: 235 – 342.

[313] Herrschel T. Regions between imposed structure and internally developed response: Experiences with twin track regionalization in post-socialist eastern Germany [J]. Geoforum, 2007, 38 (3): 469 – 484.

[314] Hong C, Burney J A, Pongratz J, et al. Global and regional drivers of land-use emissions in 1961 – 2017 [J]. Nature, 2021, 589 (7843): 554 – 561.

[315] Houghton R A, House J I, Pongratz J, et al. Carbon emissions from land use and land-cover change [J]. Biogeosciences, 2012, 9 (12): 5125 – 5142.

[316] Huang J, Wang Y, Wang J. Farmers' Adaptation to Extreme Weather Events through Farm Management and Its Impacts on the Mean and Risk of Rice Yield in China [J]. American Journal of Agriculture Economics, 2015, 97: 602 –617.

[317] Huang J. Climate Change and Agriculture: Impact and Adaptation [J]. Journal of Integrative Agriculture, 2014, 13 (4): 657 –659.

[318] IPCC Climate Change 2013: The Physical Science Basis: Summary for Policy Makers [EB/OL]. http://www. climatechange2013. org/images/uploads/WGIAR5 – SPM_Approved27Sep2013. pdf.

[319] IPCC. Climate Change 2014: Impacts, adaptation, and vulnerability. Part A: Global and sectoral aspects. Contribution of Working Group Ⅱ to the Fifth Assessment Report of the Intergovernmental Panel on Climate Change [M]. Cambridge: Cambridge University Press, 2014.

[320] IPCC. Climate Change: The IPCC Impacts Assessment [M]. Cambridge: Cambridge University Press, 1991.

[321] IPCC. Impacts, adaptation and vulnerability. Working group II contribution to the intergovernmental panel on climate change fourth assessment report [R]. Brussels: IPCC, 2007.

[322] IPCC. IPCC Fourth Assessment Report: Climate Change 2007 (AR4) [M]. Cambridge: Cambridge University Press, 2007.

[323] Jian J, Du X, Reiter M S, et al. A meta-analysis of global cropland soil carbon changes due to cover cropping [J]. Soil Biology and Biochemistry, 2020, 143: 107735.

[324] John Q, Horowitz J K. The impact of global warming on agriculture: A Ricardian analysis: comment [J]. American Economic Review, 1999, 89: 1044 –1045.

[325] Kabubo-Mariara J, Karanja F K. The economic impact of climate change on Kenyan crop agriculture: A Ricardian approach [J]. Global and Plan-

etary Change, 2007, 57 (3 – 4): 319 – 330.

[326] Kaufmann R, Snell S. A biophysical model of corn yield: Integrating climatic and social determinants [J]. American Journal of Agricultural Economics, 1997 (2): 178 – 190.

[327] Kaya Y. Impact of Carbon Dioxide Emission Control on GNP Growth: Interpretation of Proposed Scenarios [R]. Paper Presented to the IPCC Energy and Industry Subgroup, Response Strategies Working Group Pairs, 1990.

[328] Khanal U, Wilson C, Hoang V N, et al. Farmers' Adaptation to Climate Change, Its Determinants and Impacts on Rice Yield in Nepal [J]. Ecological Economics, 2018, 144: 139 – 147.

[329] Kihupi M L, Mahonge C, Chingonikaya E E. Smallholder Farmers' Adaptation Strategies to Impact of Climate Change in Semi-arid Areas of Iringa District Tanzania [J]. Journal of Biology, Agriculture and Healthcare, 2015 (5): 123 – 132.

[330] Kondo M, Ichii K, Patra P K, et al. Land use change and El Niño – Southern Oscillation drive decadal carbon balance shifts in Southeast Asia [J]. Nature Communications, 2018, 9 (1).

[331] Kurukulasuriya P, Mendelsohn R, Hassan R. Will African agriculture survive climate change? [J]. World Bank Economic Review, 2006 (3): 367 – 388.

[332] Lal H, Hoogenboom G, Calilxte J P, et al. Using crop simulation models and GIS for regional productivity analysis [J]. Transactions of the ASAE, 1993, 36 (1): 175 – 184.

[333] Liu H, Li X, Fischer G, et al. Study on the Impacts of Climate Change on China's Agriculture [J]. Climatic Change, 2004, 65 (1 – 2): 125 – 48.

[334] Liu P, Cai H, Wang J. Effects of Soil Water Stress on Growth De-

velopment, Dry-matter Partition and Yield Constitution of Winter Wheat [J]. Research of Agricultural Modernization , 2010, 37: 1049 – 1059.

[335] Liu Z, Yang X, Chen F, et al. The effects of past climate change on the northern limits of maize planting in Northeast China [J]. Climatic Change, 2013, 117 (4): 891 – 902.

[336] Lobell D B, Asner G P. Climate and management contributions to recent trends in U. S. agricultural yields [J]. Science, 2003, 300: 1505.

[337] Lobell D, Burke M. On the Use of Statistical Models to Predict Crop Yield Responses to Climate Change [J]. Agricultural and Forest Meteorology, 2010, 150 (11): 1443 – 1452.

[338] Lobell D, Hammer G, Messina G, et al. The critical role of extreme heat for maize production in the United States [J]. Nature Climate Change, 2013 (3): 497 – 501.

[339] Luo Q Y, Kathuria A. Modelling the response of wheat grain yield to climate change: A sensitivity analysis [J]. Theoretical and Applied Climatology, 2013, 111: 173 – 182.

[340] Maas J S. Use of remotely-sensed information in agricultural crop growth models [J]. Ecological Modeling, 1988, 41: 241 – 268.

[341] Mendelsohn R, Dinar A. Climate Change, Agriculture & Developing Countries: Does Adaptation Matter? [J]. The World Bank Research Observer, 1999 (14): 277 – 293.

[342] Mendelsohn R, Nordhaus W, Shaw D. The impact of global warming on agriculture: A Ricardi Analysis [J]. American Economic Review, 1994, 84: 753 – 771.

[343] Mendelsohn R, Reinsborough M. A Ricardian analysis of US and Canadian farmland [J]. Climatic Change, 2007, 81 (1): 9 – 17.

[344] Moore B. Challenges of a changing earth: Towards a scientific understanding of global change [J]. Earth Science Frontiers, 2002 (9): 1 – 4.

［345］ Müller B, Johnson L, Kreuer D. Maladaptive outcomes of climate insurance in agriculture ［J］. Global Environmental Change, 2017, 46: 23 – 33.

［346］ Nicholas N. Climate change and Australia wheat yield ［J］. Nature, 1998, 391: 449.

［347］ Nordhaus W D. Managing the Global Commons: The Economies of Climate Change ［J］. Cambridge: MIT Press, 1994.

［348］ Nordhaus W D. The Stem Review of Economics and Climate Change ［R/OL］. http://www. eeon. yale. edu-nodrhaus/homepage/SternReviewD2. pdf.

［349］ Pekka E K, Kari M, Kullervo K. Biomass and Carbon Budget of European Forests: 1971 to 1990 ［J］. Science, 1992, 256 (5053).

［350］ Piao S L, Ciais P, Huang Y, et al. The impacts of climate change on water resources and agriculture in China ［J］. Nature, 2010, 467: 43 – 51.

［351］ Rogers E M. Diffusion of Innovations ［M］. Chicago: Free Press, 1983.

［352］ Rosenzweig C, Parry M L. Potential Impact of Climate Change on World Food Supply ［J］. Nature, 1994, 367 (6459): 133 – 138.

［353］ Savage J K. Comment on "Economic Nature of the Cooperative Association" ［J］. American Journal of Agricultural Economics, 1954, 36 (3): 529 – 534.

［354］ Schlenker W, Hanemann M, Fisher A. The impact of global warming on US agriculture: An econometric analysis of optimal growing conditions ［J］. The Review of Economics and Statistics, 2006, 88 (1): 113 – 125.

［355］ Schlenker W, Roberts M J. Nonlinear temperature effects indicate severe damages to U. S. crop yields under climate change ［J］. Proceedings of the National Academy of Sciences, 2009, 106 (37): 15594 – 15598.

［356］ Seres C. Agriculture in upland regions is facing he climatic change: Transformations in the climate and how the livestock farmers perceive them: Strategies for adapting the forage system ［J］. Fourrages, 2010, 204: 297 – 306.

参 考 文 献

[357] Sinclair T R, Seligman N G. Crop modeling: From infancy to maturity [J]. Agronomy Journal, 1996, 88: 698 –764.

[358] Stern N. The Economics of Climate Change: The Stern Review [M]. Cambridge: Cambridge University Press, 2007.

[359] Stern N. The Economics of Climate Change [J]. American Economic Review, 2008, 98 (2): 1 –37.

[360] Stockle C, Marcello D, Roger N. A Cropping Systems Simulation Model [J]. European Journal of Agronomy, 2003, 18 (3 –4): 289 –307.

[361] Sun S, Yang X G, Li K N, et al. Analysis of spatial and temporal characteristics of water requirement of winter wheat in China [J]. Transactions of the Chinese Society Agricultural Engineering, 2013, 29 (15): 72 –82.

[362] Tao F, Zhang S, Zhang Z. Spatiotemporal changes of wheat phenology in China under the effects of temperature, day length and cultivar thermal characteristics [J]. European Journal of Agronomy, 2012, 43: 201 –212.

[363] Tilman D, Fargione J, Wolff B, et al. Forecasting agriculturally driven global environmental change [J]. Science, 2001, 292: 281 –284.

[364] Tobey J A. Economic issues in global climate change [J]. Global Environmental Change, 1992, 2 (3): 215 –228.

[365] USDA. Strategic Plan FY 2010 – 2015 [EB/OL]. http://www.ocfo.usda.gov/sp2010/sp2010.pdf.

[366] Wang J X, Mendelsohn R, Dinar A, et al. The impact of climate change on China's agriculture [J]. Agriculture Economics, 2009, 40 (3): 323 –337.

[367] Wang J, Chang H, Chen F, et al. How Important are Climate Characteristics to the Estimation of Rice Production Function? [J]. African Journal of Agricultural Research, 2012, 7 (35): 4867 –4875.

[368] Wang J, Mendelsohn R, Dinar A, et al. Can China Continue Feeding Itself? The Impact of Climate Change on Agriculture [R]. Policy Re-

179

search Working Paper No. 4470, World Bank, Washington, DC, 2008a.

[369] Wang J, Wang E L, Luo Q Y, et al. Modeling the sensitivity of wheat growth and water balance to climate change in Southeast Australia [J]. Climatic Change, 2009, 96: 79 – 96.

[370] Wang J, Huang J, Yang J. Over view of Impacts of Climate Change and Adaptationin China's Agriculture [J]. Journal of Integrative Agriculture, 2014, 13 (1): 1 – 17.

[371] Wang X, Yan L. Driving factors and decoupling analysis of fossil fuel related-carbon dioxide emissions in China [J]. Fuel, 2022, 314: 122869.

[372] Willett K M, Gillett N P, Jones P D, et al. Attribution of observed surface humidity changes to human influence [J]. Nature, 2007, 449: 710 – 712.

[373] Williams J R, Jones C A, Kiniry J R, et al. The EPIC crop growth model [J]. Transactions of the ASAE, 1989, 32: 497 – 511.

[374] Wu D, Yu Q, Lu C, et al. Quantifying Production Potentials of Winter Wheat in the North China Plain [J]. European Journal of Agronomy, 2006, 24: 226 – 35.

[375] Wu L, Yin S, Wang J. Introduction to 2014 China Development Report on Food Safety [R]. Beijing: Peking University Press, 2014.

[376] Zhou L, Turvey C G. Climate Change, Adaptation and China's Grain Production [J]. China Economic Review, 2014, 28: 72 – 89.